제2판

한국산업인력공단
Human Resources Development Service of Korea

중식조리기능사 실기문제

20 품목

중식 조리기능사 실기

(사)한국식음료외식조리교육협회

- 새로운 실기 출제기준 적용
- NCS 능력단위별 평가표 수록

www.ncook.or.kr

(주)백산출판사

대 한민국 외식업계는 '세계화'라는 단어를 꺼내는 것이 새삼스럽게 느껴질 정도로 전국 어디서나 어렵지 않게 여러 나라의 음식을 즐길 수 있습니다. 이에 외식산업의 발전을 위한 유능한 조리인력 양성의 필요성이 그 어느 때보다 절실해지고 있습니다. 훌륭한 조리 기능인의 양성이 시대적인 과제이며, 그러한 책임을 지고 있는 최일선의 교육현장에서 조리기 능사 자격증을 지도하는 교수법의 중요성 또한 강조되고 있습니다. 일선의 교육현장에서는 각기 다른 방식으로 강의를 하여 조리기능사자격증 취득을 준비하는 수험생들에게 혼란을 일으키는 경우가 있어 왔으며, 또한 실기 검정장에서 심사위원들이 수험생의 기능채점을 할 때 어려움을 느낀 경우도 있었습니다. 그러므로 조리기능사 국가기술자격증 교수법의 검증된 표준화가 그 어느 때보다 절실하다 할 수 있습니다. 이에 '(사)한국식음료외식조리교육협회'에서는 교육현장의 생생한 강의 노하우를 바탕으로 수험생을 위한 조리사자격증 취득 중심의 수험서적을 발간하게 되었습니다.

본 교재는 대한민국의 요리학원과 직업훈련기관을 대표하는 협회라는 자부심과 책임감으로 출판하였습니다. 본 협회는 전국 요리교육의 기관장으로 구성된 단체이며, 요리교재 개발연구, 민간전문자격시험 개발연구, 요리교육기관장의 권익대변, 국가기술자격검증 자문, 요리교육정책 자문 등의 다양한 활동을 하고 있습니다. 회원들 대부분이 강의경력 20년 이상으로 조리전문자격기능 보유자이며, 전국의 각 지역에서 그 지역을 대표하는 훈련기관입니다. 수강생들의 자격증 취득을 위해서 요리교육 최일선에서 요리수강생들의 애로사항을 그 누구보다도 잘 알고 있는 원장님들의 풍부한 강의경험이 집결된 완성본입니다. 출제예상 실기과제에서 어떤 부분을 가장 많이 실수하고, 또한 어떤 부분을 중심으로 해야 자격시험에서 높은 점수를 받을 수 있는지에 대한 자료가 본 교재에 수록되어 있습니다.

본 교재는 중국요리에 대한 전반적인 이해를 중심으로 하지 않고, 철저히 국가기술 자격증 취득과 조리기능사 실기 예상문제를 중심으로 세세한 설명과 사진을 수록하였습니다. 본 수험교재는 전국의 각기 다른 교수방법을 하나의 통일화된 방법으로 강의법을 정리하였다는 데 큰 의미를 둘 수 있습니다.

조리기능사 실기시험 심사위원과 조리기능사 수험생을 일선에서 지도하는 전국의 요리학원장 및 강사들의 의견을 취합하여 한국산업인력공단의 출제기준을 중심으로 제작한 교재이므로 객관성과 전문성에서 타 교재와 차별화된 특징을 가지고 있습니다.

본 (사)한국식음료외식조리교육협회는 앞으로 지속적인 수험교재 개발 및 전문서적 개발에 더욱 힘쓸 계획입니다. 한식조리기능사, 양식조리기능사, 조리기능사 학과교재 및 문제집, 중식조리기능사, 일식·복어조리기능사 등의 조리기능사 수험서적뿐만 아니라 조리산업기사, 조리기능장의 후속 교재도 곧 출판할 예정입니다. 본 수험서적은 최근 개정된 검정자격기준을 중심으로 하여 출판한 점을 먼저 말씀드리고 싶습니다. 국가기술자격증 기술서적은 한국산업인력공단의 출제기준 및 채점기준, 지급목록 등에 있어서 변경사항이 발생하면 그때그때 수시로 업데이트 되어야 합니다.

본 협회에서 발행하는 수험서적은 조리기능사 출제기준의 변경사항을 최우선으로 고려하여 교재를 집필하고 있습니다. 많은 시간과 최선을 다하여 집필한 본 수험서적에 혹여 내용상의 일부 부족한 점이 있으리라 생각됩니다. 앞으로 독자 여러분의 충고와 조언에 귀를 기울일 것이며, 궁금하신 사항은 (사)한국식음료외식조리교육협회로 문의해 주시기 바랍니다.

전국의 (사)한국식음료외식조리교육협회 회원 및 협회 산하 교재편찬위원회의 격려와 노고에 깊은 감사를 전하고 싶습니다. 또한 이 책이 나오기까지 아낌없는 성의와 물심양면으로 도움을 주신 (주)백산출판사 진욱상 사장님을 비롯하여 관계자 여러분께 깊은 감사를 드립니다.

마지막으로 이 수험서적으로 조리사자격증을 취득하시려는 모든 분들께 합격의 영광이 함께 하길 기원드립니다.

(사)한국식음료외식조리교육협회 회원 일동

중식조리기능사 실기

Contents

NCS 학습모듈의 이해

■ NCS 학습모듈이란?

NCS 학습모듈은 NCS 능력단위를 교육 및 직업훈련 시 활용할 수 있도록 구성한 교수 · 학습 자료이다. 즉, NCS 학습모듈은 학습자의 직무능력 제고를 위해 요구되는 학습 요소(학습내용)를 NCS에서 규정한 업무 프로세스나 세부 지식, 기술을 토대로 재구성한 것이다.

● NCS 학습모듈

NCS 학습모듈은 NCS 능력단위를 활용하여 개발한 교수 · 학습 자료로 고교, 전문대학, 대학, 훈련기관, 기업체 등에서 NCS기반 교육과정을 용이하게 구성 · 운영할 수 있도록 지원하는 역할을 수행한다.

● NCS와 NCS 학습모듈의 연결체제

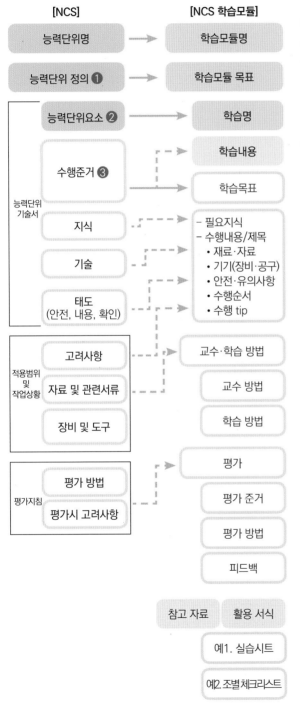

① 능력단위란
특정 직무에서 업무를 성공적으로 수행하기 위하여 요구되는 능력을 교육훈련 및 평가가 가능한 기능 단위로 개발한 것입니다.

② 능력단위요소란
해당 능력단위를 구성하는 중요한 범위 안에서 수행하는 기능을 도출한 것입니다.

③ 수행준거란
각 능력단위요소별로 능력의 성취여부를 판단하기 위해 개인들이 도달해야 하는 수행의 기준을 제시한 것입니다.

1. 위생상태 및 안전관리 세부기준 안내

순번	구분	세부기준

1	위생복 상의	• 전체 흰색, 손목까지 오는 긴소매
		   – 조리과정에서 발생 가능한 안전사고(화상 등) 예방 및 식품위생(체모 유입 방지, 오염도 확인 등) 관리를 위한 기준 적용
		   – 조리과정에서 편의를 위해 소매를 접어 작업하는 것은 허용
		   – 부직포, 비닐 등 화재에 취약한 재질이 아닐 것, 팔토시는 긴팔로 불인정
		 • 상의 여밈은 위생복에 부착된 것이어야 하며 벨크로(일명 찍찍이), 단추 등의 크기, 색상, 모양, 재질은 제한하지 않음(단, 핀 등 별도 부착한 금속성은 제외)

2	위생복 하의	• 색상·재질무관, 안전과 작업에 방해가 되지 않는 발목까지 오는 긴바지 – 조리기구 낙하, 화상 등 안전사고 예방을 위한 기준 적용
3	위생모	• 전체 흰색, 빈틈이 없고 바느질 마감처리가 되어 있는 일반 조리장에서 통용되는 위생모(모자의 크기, 길이, 모양, 재질(면·부직포 등)은 무관)
4	앞치마	• 전체 흰색, 무릎아래까지 덮이는 길이 – 상하일체형(목끈형) 가능, 부직포·비닐 등 화재에 취약한 재질이 아닐 것
5	마스크	• 침액을 통한 위생상의 위해 방지용으로 종류는 제한하지 않음(단, 감염병 예방법에 따라 마스크 착용 의무화 기간에는 '투명 위생 플라스틱 입가리개'는 마스크 착용으로 인정하지 않음)
6	위생화 (작업화)	• 색상 무관, 굽이 높지 않고 발가락·발등·발뒤꿈치가 덮여 안전사고를 예방할 수 있는 깨끗한 운동화 형태
7	장신구	• 일체의 개인용 장신구 착용 금지(단, 위생모 고정을 위한 머리핀 허용)
8	두발	• 단정하고 청결할 것, 머리카락이 길 경우 흘러내리지 않도록 머리망을 착용하거나 묶을 것
9	손 / 손톱	• 손에 상처가 없어야 하나, 상처가 있을 경우 보이지 않도록 할 것(시험위원 확인 하에 추가 조치 가능) • 손톱은 길지 않고 청결하며 매니큐어, 인조손톱 등을 부착하지 않을 것
10	폐식용유 처리	• 사용한 폐식용유는 시험위원이 지시하는 적재장소에 처리할 것
11	교차오염	• 교차오염 방지를 위한 칼, 도마 등 조리기구 구분 사용은 세척으로 대신하여 예방할 것 • 조리기구에 이물질(예, 테이프)을 부착하지 않을 것
12	위생관리	• 재료, 조리기구 등 조리에 사용되는 모든 것은 위생적으로 처리하여야 하며, 조리용으로 적합한 것일 것

순번	구분	세부기준
13	안전사고 발생 처리	• 칼 사용(손 빔) 등으로 안전사고 발생 시 응급조치를 하여야 하며, 응급조치에도 지혈이 되지 않을 경우 시험진행 불가
14	눈금표시 조리도구	• 눈금표시된 조리기구 사용 허용 (실격 처리되지 않음, 2022년부터 적용) (단, 눈금표시에 재어가며 재료를 써는 조리작업은 조리기술 및 숙련도 평가에 반영)
15	부정 방지	• 위생복, 조리기구 등 시험장 내 모든 개인물품에는 수험자의 소속 및 성명 등의 표식이 없을 것(위생복의 개인 표식 제거는 테이프로 부착 가능)
16	테이프 사용	• 위생복 상의, 앞치마, 위생모의 소속 및 성명을 가리는 용도로만 허용

※ 위 내용은 식품안전관리인증기준(HACCP) 평가(심사) 매뉴얼, 위생등급 가이드라인 평가 기준 및 시행상의 운영사항을 참고하여 작성된 기준입니다.

2. 위생상태 및 안전관리에 대한 채점기준 안내

위생 및 안전 상태	채점기준
1. 위생복(상/하의), 위생모, 앞치마, 마스크 중 한 가지라도 미착용한 경우 2. 평상복(흰티셔츠, 와이셔츠), 패션모자(흰털모자, 비니, 야구모자) 등 기준을 벗어난 위생복장을 착용한 경우	실격 (채점대상 제외)
3. 위생복(상/하의), 위생모, 앞치마, 마스크를 착용하였더라도 • 무늬가 있거나 유색의 위생복 상의·위생모·앞치마를 착용한 경우 • 흰색의 위생복 상의·앞치마를 착용하였더라도 부직포, 비닐 등 화재에 취약한 재질의 복장을 착용한 경우 • 팔꿈치가 덮이지 않는 짧은 팔의 위생복을 착용한 경우 • 위생복 하의의 색상, 재질은 무관하나 짧은 바지, 통이 넓은 힙합스타일 바지, 타이츠, 치마 등 안전과 작업에 방해가 되는 복장을 착용한 경우 • 위생모가 뚫려있어 머리카락이 보이거나, 수건 등으로 감싸 바느질 마감 처리가 되어있지 않고 풀어지기 쉬워 일반 조리장용으로 부적합한 경우 4. 이물질(예, 테이프) 부착 등 식품위생에 위배되는 조리기구를 사용한 경우	'위생상태 및 안전관리' 점수 전체 0점
5. 위생복(상/하의), 위생모, 앞치마, 마스크를 착용하였더라도 • 위생복 상의가 팔꿈치를 덮기는 하나 손목까지 오는 긴소매가 아닌 위생복(팔토시 착용은 긴소매로 불인정), 실험복 형태의 긴 가운, 핀 등 금속을 별도 부착한 위생복을 착용하여 세부기준을 준수하지 않았을 경우 • 테두리선, 칼라, 위생모 짧은 창 등 일부 유색의 위생복 상의·위생모·앞치마를 착용한 경우(테이프 부착 불인정) • 위생복 하의가 발목까지 오지 않는 8부바지 • 위생복(상/하의), 위생모, 앞치마, 마스크에 수험자의 소속 및 성명을 테이프 등으로 가리지 않았을 경우 6. 위생화(작업화), 장신구, 두발, 손/손톱, 폐식용유 처리, 안전사고 발생처리 등 '위생상태 및 안전관리 세부기준'을 준수하지 않았을 경우 7. '위생상태 및 안전관리 세부기준' 이외에 위생과 안전을 저해하는 기타사항이 있을 경우	'위생상태 및 안전관리' 점수 일부 감점

※ 위 기준에 표시되어 있지 않으나 일반적인 개인위생, 식품위생, 주방위생, 안전관리를 준수하지 않았을 경우 감점처리 될 수 있습니다.

※ 수도자의 경우 제복 + 위생복 상의/하의, 위생모, 앞치마, 마스크 착용 허용

3. 수험자 지참준비물

번호	재료명	규격	단위	수량	비고
1	가위	–	EA	1	
2	계량스푼	–	EA	1	
3	계량컵	–	EA	1	
4	국대접	기타 유사품 포함	EA	1	
5	국자	–	EA	1	
6	냄비	–	EA	1	시험장에도 준비되어 있음
7	도마	흰색 또는 나무도마	EA	1	시험장에도 준비되어 있음
8	뒤집개	–	EA	1	
9	랩	–	EA	1	
10	마스크	–	EA	1	*위생복장(위생복ㆍ위생모ㆍ앞치마ㆍ마스크)을 착용하지 않을 경우 채점대상에서 제외(실격)됩니다*
11	면포/행주	흰색	장	1	
12	밥공기		EA	1	
13	볼(bowl)	–	EA	1	
14	비닐팩	위생백, 비닐봉지 등 유사품 포함	장	1	
15	상비의약품	손가락골무, 밴드 등	EA	1	
16	쇠조리(혹은 체)	–	EA	1	
17	숟가락	차스푼 등 유사품 포함	EA	1	
18	앞치마	흰색(남녀공용)	EA	1	*위생복장(위생복ㆍ위생모ㆍ앞치마ㆍ마스크)을 착용하지 않을 경우 채점대상에서 제외(실격)됩니다*
19	위생모	흰색	EA	1	*위생복장(위생복ㆍ위생모ㆍ앞치마ㆍ마스크)을 착용하지 않을 경우 채점대상에서 제외(실격)됩니다*
20	위생복	상의-흰색/긴소매, 하의-긴바지(색상 무관)	벌	1	*위생복장(위생복ㆍ위생모ㆍ앞치마ㆍ마스크)을 착용하지 않을 경우 채점대상에서 제외(실격)됩니다*
21	위생타월	키친타월, 휴지 등 유사품 포함	장	1	
22	이쑤시개	산적꼬치 등 유사품 포함	EA	1	
23	접시	양념접시 등 유사품 포함	EA	1	

24	젓가락	–	EA	1	
25	종이컵	–	EA	1	
26	종지	–	EA	1	
27	주걱	–	EA	1	
28	집게	–	EA	1	
29	칼	조리용 칼, 칼집 포함	EA	1	
30	호일	–	EA	1	
31	프라이팬	–	EA	1	시험장에도 준비되어 있음

※ 지참준비물의 수량은 최소 필요수량으로 수험자가 필요시 추가지참 가능합니다.

※ 지참준비물은 일반적인 조리용을 의미하며, 기관명, 이름 등 표시가 없는 것이어야 합니다.

※ 지참준비물 중 수험자 개인에 따라 과제를 조리하는 데 불필요한 조리기구는 지참하지 않아도 됩니다.

※ 지참준비물 목록에는 없으나 조리에 직접 사용되지 않는 조리 주방용품(예, 수저통 등)은 지참 가능합니다.

※ 수험자 지참준비물 이외의 조리기구를 사용한 경우 채점대상에서 제외(실격)됩니다.

※ 위생상태 세부기준은 큐넷 – 자료실 – 공개문제에 공지된 "위생상태 및 안전관리 세부기준"을 참조하시기 바랍니다.

4. 채점 기준표

항목	세부항목	내용	최대배점	비고
위생상태 및 안전관리	개인위생	위생복 착용, 두발, 손톱상태	3	공통배점 총 10점
	식품위생	조리과정	4	
	주방위생	정리정돈	2	
	안전관리	안전관리	1	
조리기술	재료손질	재료다듬기 및 씻기	3	작품별 45점 총 90점
	조리조작	썰기와 조리하기	27	
작품평가	작품의 맛	간 맞추기	6	
	작품의 색	색의 유지 정도	5	
	담기	그릇과 작품의 조화	4	

출제기준(실기)

직무 분야	음식 서비스	중직무 분야	조리	자격 종목	중식조리기능사	적용 기간	2023.1.1.~ 2025.12.31.

• 직무내용 : 중식메뉴 계획에 따라 식재료를 선정, 구매, 검수, 보관 및 저장하며 맛과 영양을 고려하여 안전하고 위생적으로 음식을 조리하고 조리기구와 시설관리를 수행하는 직무이다.

• 수행준거 : 1. 중식조리작업 수행에 필요한 위생관련지식을 이해하고, 주방의 청결상태와 개인위생·식품위생을 관리하여 전반적인 조리작업을 위생적으로 수행할 수 있다.
   2. 중식 기초 조리작업 수행에 필요한 조리 기능 익히기를 활용할 수 있다.
   3. 적합한 식재료를 절이거나 무쳐서 요리에 곁들이는 음식을 조리할 수 있다.
   4. 육류나 가금류·채소류를 이용하여 끓이거나 양념류와 향신료를 배합하여 조리할 수 있다.
   5. 육류·갑각류·어패류·채소류·두부류 재료 특성을 이해하고 손질하여 기름에 튀겨 조리할 수 있다.
   6. 육류·생선류·채소류·두부에 각종 양념과 소스를 이용하여 조림을 할 수 있다.
   7. 쌀로 지은 밥을 이용하여 각종 밥 요리를 할 수 있다.
   8. 밀가루의 특성을 이해하고 반죽하여 면을 뽑아 각종 면 요리를 할 수 있다.

실기검정방법	작업형	시험시간	70분 정도

실기과목명	주요항목	세부항목	세세항목
중식 조리 실무	1. 음식 위생관리	1. 개인위생 관리하기	1. 위생관리기준에 따라 조리복, 조리모, 앞치마, 조리안전화 등을 착용할 수 있다. 2. 두발, 손톱, 손 등 신체청결을 유지하고 작업수행 시 위생습관을 준수할 수 있다. 3. 근무 중의 흡연, 음주, 취식 등에 대한 작업장 근무수칙을 준수할 수 있다. 4. 위생관련법규에 따라 질병, 건강검진 등 건강상태를 관리하고 보고할 수 있다.
		2. 식품위생 관리하기	1. 식품의 유통기한·품질 기준을 확인하여 위생적인 선택을 할 수 있다. 2. 채소·과일의 농약 사용여부와 유해성을 인식하고 세척할 수 있다. 3. 식품의 위생적 취급기준을 준수할 수 있다. 4. 식품의 반입부터 저장, 조리과정에서 유독성, 유해물질의 혼입을 방지할 수 있다.
		3. 주방위생 관리하기	1. 주방 내에서 교차오염 방지를 위해 조리 생산 단계별 작업공간을 구분하여 사용할 수 있다. 2. 주방위생에 있어 위해요소를 파악하고, 예방할 수 있다. 3. 주방, 시설 및 도구의 세척, 살균, 해충·해서 방제작업을 정기적으로 수행할 수 있다. 4. 시설 및 도구의 노후상태나 위생상태를 점검하고 관리할 수 있다.

실기과목명	주요항목	세부항목	세세항목
중식 조리 실무	1. 음식 위생관리	3. 주방위생 관리하기	5. 식품이 조리되어 섭취되는 전 과정의 주 방 위생 상태를 점검하고 관리할 수 있다. 6. HACCP 적용업장의 경우 HACCP 관리기 준에 의해 관리할 수 있다.
	2. 음식 안전관리	1. 개인안전 관리하기	1. 안전관리 지침서에 따라 개인 안전관리 점검표를 작성할 수 있다. 2. 개인안전사고 예방을 위해 도구 및 장비 의 정리정돈을 상시할 수 있다. 3. 주방에서 발생하는 개인 안전사고의 유형 을 숙지하고 예방을 위한 안전수칙을 지 킬 수 있다. 4. 주방 내 필요한 구급품이 적정 수량 비치 되었는지 확인하고 개인 안전 보호 장비 를 정확하게 착용하여 작업할 수 있다. 5. 개인이 사용하는 칼에 대해 사용안전, 이 동안전, 보관안전을 수행할 수 있다. 6. 개인의 화상사고, 낙상사고, 근육팽창과 골절사고, 절단사고, 전기기구에 인한 전 기 쇼크 사고, 화재사고와 같은 사고 예방 을 위해 주의사항을 숙지하고 실천할 수 있다. 7. 개인 안전사고 발생 시 신속 정확한 응급 조치를 실시하고 재발 방지 조치를 실행 할 수 있다.
		2. 장비·도구 안전작업하기	1. 조리장비·도구에 대한 종류별 사용방법 에 대해 주의사항을 숙지할 수 있다. 2. 조리장비·도구를 사용 전 이상 유무를 점검할 수 있다. 3. 안전 장비류 취급 시 주의사항을 숙지하 고 실천할 수 있다. 4. 조리장비·도구를 사용 후 전원을 차단 하고 안전수칙을 지키며 분해하여 청소할 수 있다. 5. 무리한 조리장비·도구 취급은 금하고 사 용 후 일정한 장소에 보관하고 점검할 수 있다. 6. 모든 조리장비·도구는 반드시 목적 이외 의 용도로 사용하지 않고 규격품을 사용 할 수 있다.
		3. 작업환경 안전관리하기	1. 작업환경 안전관리 시 작업환경 안전관리 지침서를 작성할 수 있다. 2. 작업환경 안전관리 시 작업장 주변 정리 정돈 등을 관리 점검할 수 있다.

실기과목명	주요항목	세부항목	세세항목
중식 조리 실무	2. 음식 안전관리	3. 작업환경 안전관리하기	3. 작업환경 안전관리 시 제품을 제조하는 작업장 및 매장의 온·습도관리를 통하여 안전사고요소 등을 제거할 수 있다. 4. 작업장 내의 적정한 수준의 조명과 환기, 이물질, 미끄럼 및 오염을 방지할 수 있다. 5. 작업환경에서 필요한 안전관리시설 및 안 전용품을 파악하고 관리할 수 있다. 6. 작업환경에서 화재의 원인이 될 수 있는 곳을 자주 점검하고 화재진압기를 배치하 고 사용할 수 있다. 7. 작업환경에서의 유해, 위험, 화학물질을 처리기준에 따라 관리할 수 있다. 8. 법적으로 선임된 안전관리책임자가 정기 적으로 안전교육을 실시하고 이에 참여할 수 있다.
	3. 중식 기초 조리실무	1. 기본 칼 기술 습득하기	1. 칼의 종류와 사용용도를 이해할 수 있다. 2. 기본 썰기 방법을 습득할 수 있다. 3. 조리목적에 맞게 식재료를 썰 수 있다. 4. 칼을 연마하고 관리할 수 있다. 5. 중식 조리작업에 사용한 칼을 일정한 장 소에 정리 정돈할 수 있다.
		2. 기본 기능 습득하기	1. 조리기물의 종류 및 용도에 대하여 이해 하고 습득할 수 있다. 2. 조리에 필요한 조리도구를 사용하고 종류 별 특성에 맞게 적용할 수 있다. 3. 계량법을 이해하고 활용할 수 있다. 4. 채소에 대하여 전처리 방법을 이해하고 처리할 수 있다. 5. 어패류에 대하여 전처리 방법을 이해하고 처리할 수 있다. 6. 육류에 대하여 전처리 방법을 이해하고 처리할 수 있다. 7. 중식조리의 요리별 육수 및 소스를 용도 에 맞게 만들 수 있다. 8. 중식 조리작업에 사용한 조리도구와 주방 을 정리 정돈할 수 있다.
		3. 기본 조리법 습득하기	1. 중국요리의 기본 조리방법의 종류와 조리 원리를 이해할 수 있다. 2. 식재료 종류에 맞는 건열조리를 할 수 있다. 3. 식재료 종류에 맞는 습열조리를 할 수 있다. 4. 식재료 종류에 맞는 복합가열조리를 할 수 있다. 5. 식재료 종류에 맞는 비가열조리를 할 수 있다.

실기과목명	주요항목	세부항목	세세항목
중식 조리 실무	4. 중식 절임 · 무침 조리	1. 절임 · 무침 준비하기	1. 곁들임 요리에 필요한 절임 양과 종류를 선택할 수 있다. 2. 곁들임 요리에 필요한 무침의 양과 종류 를 선택할 수 있다. 3. 표준 조리법에 따라 재료를 전처리하여 사용할 수 있다.
		2. 절임류 만들기	1. 재료의 특성에 따라 절임을 할 수 있다. 2. 절임 표준조리법에 준하여 산도, 염도 및 당도를 조절할 수 있다. 3. 절임의 용도에 따라 절임 기간을 조절할 수 있다.
		3. 무침류 만들기	1. 메뉴 구성을 고려하여 무침류 재료를 선 택할 수 있다. 2. 무침 용도에 적합하게 재료를 썰 수 있다. 3. 무침 재료의 종류에 따라 양념하여 무칠 수 있다.
		4. 절임 보관 · 무침 완성하기	1. 절임류를 위생적으로 안전하게 보관할 수 있다. 2. 무침류를 위생적으로 안전하게 보관할 수 있다. 3. 절임이나 무침을 담을 접시를 선택할 수 있다.
	5. 중식 육수 · 소스 조리	1. 육수 · 소스 준비하기	1. 육수의 종류에 따라서 도구와 재료를 준 비할 수 있다. 2. 소스의 종류에 따라서 도구와 재료를 준 비할 수 있다. 3. 필요에 맞도록 양념류와 향신료를 준비할 수 있다. 4. 가공 소스류를 특성에 맞게 준비할 수 있다.
		2. 육수 · 소스 만들기	1. 육수 재료를 손질할 수 있다. 2. 육수와 소스의 종류와 양에 맞는 기물을 선택할 수 있다. 3. 소스 재료를 손질하여 전 처리할 수 있다. 4. 육수 표준조리법에 따라서 끓이는 시간과 화력의 강약을 조절할 수 있다. 5. 소스 표준조리법에 따라서 향, 맛, 농도, 색상의 정도를 조절할 수 있다.
		3. 육수 · 소스 완성보관하기	1. 육수를 필요에 따라 사용할 수 있는 상태 로 보관할 수 있다. 2. 소스를 필요에 따라 사용할 수 있는 상태 로 보관할 수 있다. 3. 메뉴선택에 따라 육수와 소스를 다시 끓 여 사용할 수 있다.

실기과목명	주요항목	세부항목	세세항목
중식 조리 실무	6. 중식 튀김조리	1. 튀김 준비하기	1. 튀김의 특성을 고려하여 적합한 재료를 선정할 수 있다. 2. 각 재료를 튀김의 종류에 맞게 준비할 수 있다. 3. 튀김의 재료에 따라 온도를 조정할 수 있다.
		2. 튀김 조리하기	1. 재료를 튀김요리에 맞게 썰 수 있다. 2. 용도에 따라 튀김옷 재료를 준비할 수 있다. 3. 조리재료에 따라 기름의 종류, 양과 온도를 조절할 수 있다. 4. 재료 특성에 맞게 튀김을 할 수 있다. 5. 사용한 기름의 재사용 또는 폐기를 위한 처리를 할 수 있다.
		3. 튀김 완성하기	1. 튀김요리의 종류에 따라 그릇을 선택할 수 있다. 2. 튀김요리에 어울리는 기초 장식을 할 수 있다. 3. 표준조리법에 따라 색깔, 맛, 향, 온도를 고려하여 튀김요리를 담을 수 있다.
	7. 중식 조림조리	1. 조림 준비하기	1. 조림의 특성을 고려하여 적합한 재료를 선정할 수 있다. 2. 각 재료를 조림의 종류에 맞게 준비할 수 있다. 3. 조림의 종류에 맞게 도구를 선택할 수 있다.
		2. 조림 조리하기	1. 재료를 각 조림요리의 특성에 맞게 손질할 수 있다. 2. 손질한 재료를 기름에 익히거나 물에 데칠 수 있다. 3. 조림조리를 위해 화력을 강약으로 조절할 수 있다. 4. 조림에 따라 양념과 향신료를 사용할 수 있다. 5. 조림요리 특성에 따라 전분으로 농도를 조절하여 완성할 수 있다.
		3. 조림 완성하기	1. 조림 요리의 종류에 따라 그릇을 선택할 수 있다. 2. 조림 요리에 어울리는 기초 장식을 할 수 있다. 3. 표준조리법에 따라 색깔, 맛, 향, 온도를 고려하여 조림요리를 담을 수 있다. 4. 도구를 사용하여 적합한 크기로 요리를 잘라 제공할 수 있다.
	8. 중식 밥 조리	1. 밥 준비하기	1. 필요한 쌀의 양과 물의 양을 계량할 수 있다.

실기과목명	주요항목	세부항목	세세항목
중식 조리 실무	8. 중식 밥 조리	1. 밥 준비하기	2. 조리방식에 따라 여러 종류의 쌀을 이용할 수 있다. 3. 계량한 쌀을 씻고 일정 시간 불려둘 수 있다.
		2. 밥 짓기	1. 쌀의 종류와 특성, 건조도에 따라 물의 양을 가감할 수 있다. 2. 표준조리법에 따라 필요한 조리 기구를 선택하여 활용할 수 있다. 3. 주어진 일정과 상황에 따라 조리 시간과 방법을 조정할 수 있다. 4. 표준조리법에 따라 화력의 강약을 조절하여 가열시간 조절, 뜸들이기를 할 수 있다. 5. 메뉴종류에 따라 보온 보관 및 재가열을 실시할 수 있다.
		3. 요리별 조리하여 완성하기	1. 메뉴에 따라 볶음요리와 튀김요리를 곁들여 조리할 수 있다. 2. 화력의 강약을 조절하여 볶음밥을 조리할 수 있다. 3. 메뉴 구성을 고려하여 소스(짜장소스)와 국물(계란 국물 또는 짬뽕 국물)을 곁들여 제공할 수 있다. 4. 메뉴에 따라 어울리는 기초 장식을 할 수 있다.
	9. 중식 면 조리	1. 면 준비하기	1. 면의 특성을 고려하여 적합한 밀가루를 선정할 수 있다. 2. 면 요리 종류에 따라 재료를 준비할 수 있다. 3. 면 요리 종류에 따라 도구·제면기를 선택할 수 있다.
		2. 반죽하여 면 뽑기	1. 면의 종류에 따라 적합하게 반죽하여 숙성할 수 있다. 2. 면 요리에 따라 수타면과 제면기를 이용하여 면을 뽑을 수 있다. 3. 면 요리에 따라 면의 두께를 조절할 수 있다.
		3. 면 삶아 담기	1. 면의 종류와 양에 따라 끓는 물에 삶을 수 있다. 2. 삶은 면을 찬물에 헹구어 면을 탄력있게 할 수 있다. 3. 메뉴에 따라 적합한 그릇을 선택하여 차거나 따뜻하게 담을 수 있다.
		4. 요리별 조리하여 완성하기	1. 메뉴에 따라 소스나 국물을 만들 수 있다. 2. 요리별 표준조리법에 따라 색깔, 맛, 향, 온도, 농도, 국물의 양을 고려하여 소스나 국물을 담을 수 있다.

실기과목명	주요항목	세부항목	세세항목
중식 조리 실무	9. 중식 면 조리	4. 요리별 조리하여 완성하기	3. 메뉴에 따라 어울리는 기초 장식을 할 수 있다.
	10. 중식 냉채조리	1. 냉채 준비하기	1. 선택된 메뉴를 고려하여 냉채요리를 선정 할 수 있다. 2. 냉채조리의 특성과 성격을 고려하여 재료 를 준비할 수 있다. 3. 재료를 계절과 재료 수급 등 냉채요리 종 류에 맞추어 손질할 수 있다.
		2. 기초 장식 만들기	1. 요리에 따른 기초 장식을 선정할 수 있다. 2. 재료의 특성을 고려하여 기초 장식을 만 들 수 있다. 3. 만들어진 기초 징식을 보관·관리할 수 있다.
		3. 냉채 조리하기	1. 무침·데침·찌기·삶기·조림·튀김· 구이 등의 조리방법을 표준조리법에 따라 적용할 수 있다. 2. 해산물, 육류, 가금류, 채소, 난류 등 냉채 의 일부로서 사용되는 재료를 표준조리법 에 따른 적합한 소스를 선택하여 조리할 수 있다. 3. 냉채 종류에 따른 적합한 소스를 선택하 여 조리할 수 있다. 4. 숙성 및 발효가 필요한 소스를 조리할 수 있다.
		4. 냉채 완성하기	1. 전체 식단의 양과 구성을 고려하여 제공 하는 양을 조절할 수 있다. 2. 냉채요리의 모양새와 제공 방법을 고려하 여 접시를 선택할 수 있다. 3. 숙성 시간과 온도, 선도를 고려하여 요리 를 담아낼 수 있다. 4. 냉채요리에 어울리는 기초 장식을 사용할 수 있다.
	11. 중식 볶음조리	1. 볶음 준비하기	1. 볶음의 특성을 고려하여 적합한 재료를 선정할 수 있다. 2. 볶음 방법에 따른 조리용 매개체(물, 기름 류, 양념류)를 이용하고 선정할 수 있다. 3. 각 재료를 볶음의 종류에 맞게 준비할 수 있다.
		2. 볶음 조리하기	1. 재료를 볶음요리에 맞게 손질할 수 있다. 2. 썰어진 재료를 조리 순서에 맞게 기름에 익히거나 물에 데칠 수 있다.

실기과목명	주요항목	세부항목	세세항목
중식 조리 실무	11. 중식 볶음조리	2. 볶음 조리하기	3. 화력의 강약을 조절하고 양념과 향신료를 첨가하여 볶음요리의 농도를 조절할 수 있다. 4. 메뉴별 표준조리법에 따라 전분을 이용하여 볶음요리의 농도를 조절할 수 있다.
		3. 볶음 완성하기	1. 볶음요리의 종류와 제공방법에 따른 그릇을 선택할 수 있다. 2. 메뉴에 따라 어울리는 기초 장식을 할 수 있다. 3. 메뉴의 표준조리법에 따라 볶음요리를 담을 수 있다.
	12. 중식 후식 조리	1. 후식 준비하기	1. 주 메뉴의 구성을 고려하여 적합한 후식요리를 선정할 수 있다. 2. 표준조리법에 따라 후식재료를 선택할 수 있다. 3. 소비량을 고려하여 재료의 양을 미리 조정할 수 있다. 4. 재료에 따라 전 처리하여 사용할 수 있다.
		2. 더운 후식류 만들기	1. 메뉴의 구성에 따라 더운 후식의 재료를 준비할 수 있다. 2. 용도에 맞게 재료를 알맞은 모양으로 잘라 준비할 수 있다. 3. 조리재료에 따라 튀김 기름의 종류, 양과 온도를 조절할 수 있다. 4. 재료 특성에 맞게 튀김을 할 수 있다. 5. 알맞은 온도와 시간으로 설탕을 녹여 재료를 버무릴 수 있다.
		3. 찬 후식류 만들기	1. 재료를 후식요리에 맞게 썰 수 있다. 2. 후식류의 특성에 맞추어 조리를 할 수 있다. 3. 용도에 따라 찬 후식류를 만들 수 있다.
		4. 후식류 완성하기	1. 후식요리의 종류와 모양에 따라 알맞은 그릇을 선택할 수 있다. 2. 표준조리법에 따라 용도에 알맞은 소스를 만들 수 있다. 3. 더운 후식요리는 온도와 시간을 조절하여 만들 수 있다. 4. 후식요리의 종류에 맞춰 담아낼 수 있다.

Part 1

중식 조리실무 이해

01 중국요리의 역사

1. 중국요리의 개요

중국요리는 5천년의 유구한 역사와 아열대기후에서 냉대기후까지의 지형적 다양성, 한족을 중심으로 몽고족, 만주족, 회족 등 다민족의 인종들, 그리고 유교, 도교 및 불교의 종교적인 영향, 대한민국의 100배나 되는 광대한 대륙 속에서 중국 고유의 식문화를 이어오고 있다. 이러한 중국요리는 위에서 열거한 역사적, 지리적, 지형적, 인종적, 종교적인 영향들이 전 세계에서도 찾아볼 수 없는 잘 발달된 음식문화를 갖게 하였다.

특히, 중국음식은 음양오행사상을 근본으로 하는 도교의 불로장생사상, 한의학 등과 연관되어 발전했으며, 약식동원의 사상이 깊게 배어 있다.

중국은 주나라, 춘추전국시대, 진나라, 한나라, 삼국시대, 진나라시대, 위진남북조시대, 수나라, 당나라, 송나라, 금나라, 원나라, 명나라, 청나라, 중화민국으로 이어지는 대륙의 역사와 함께 요리와 관련된 다양한 서적들이 기술되어 오고 있다.

특히, 춘추전국시대의 『주례(周禮)』, 삼국시대의 『황제내경(黃帝內經)』, 『신농본초경(神農本草經)』, 후한의 『제민요술(濟民要術)』, 북송의 『산가청공(山家淸供)』, 『중궤록(中饋錄)』, 원대의 『거가필용(居家必用)』, 송나라와 원나라의 『음선정요(飮膳正要)』, 명나라의 『증료본초(證料本草)』, 청나라의 『식양요법(食養要法)』, 『음식십이합론(飮食十二合論)』 등이 대표적인 요리 관련 서적이다.

중국요리는 궁정요리, 관부요리, 사원요리, 민간요리, 전문식당요리의 사회적인 분류로 나눌 수 있으며 특히, 궁정요리는 현대의 중국요리에 많은 영향을 주었다.

2. 중국요리의 특징

중국요리는 광대한 영토에서 재배 및 생산되는 다양한 식재료와 다민족의 문화가 합쳐져 고유의 식문화를 특징으로 발전되어 왔다.

첫째, 중국요리는 방대한 영토만큼이나 다양한 식재료를 사용해서 음식을 조리한다. 대략 3,000여 종의 식재료가 사용되는 것으로 알려졌다.

둘째, 중국요리는 끓이기, 데우기, 굽기, 볶기, 찌기, 삶기 등 다양한 조리법이 발달되었다.

셋째, 중국요리는 맛과 향, 색을 중요시하며 향신료와 조미료가 상당히 발달되었다.

넷째, 중국요리는 대부분 고온에서 단시간에 조리하므로 식재료 고유의 색과 향, 맛을 최대한 살릴 수 있는 특징이 있다.

다섯째, 중국요리는 맛이 풍부하고 다양하며, 오미(단맛, 신맛, 짠맛, 쓴맛, 매운맛)를 중요시 한다.

여섯째, 중국요리는 다양한 음식 종류에 비해서 조리기구의 종류가 비교적 적으며 사용법 또한 간편한다.

일곱째, 중국요리는 개인 위주의 음식제공법이 아닌 한 그릇에 한 종류의 일품요리를 전부 담아낸다. 고객이 늘어나면 또 다른 음식의 가짓수를 늘리는 것이 특징이다.

3. 중국요리의 지역적 특징

중국요리는 광대한 영토와 5,000여 년의 역사 속에서 고유 음식문화의 특징을 나타내고 있다. 중국요리는 크게 네 가지로 구분할 수 있다. 북경지역 중심의 북경요리(산둥요리), 양쯔강 하류 넓은 평야 중심인 상해지역의 강소요리(남경요리, 상해요리, 동방계 요리), 중국대륙의 서쪽 산악지방을 중심으로 하는 사천요리(서방계 요리), 중국대륙의 남방지역을 중심으로 하는 광동요리(남방계 요리)로 분류할 수 있다.

첫째, 산둥요리(북경요리)는 북경지역을 중심으로 계절적인 요인에 의해 주로 잡곡이 풍부하면서 면요리가 발달되었으며, 북경은 역사적으로 정치·경제의 중심도시로 중국요리를 대표하는 곳이다. 대표적인 요리로는 북경오리요리가 있다. 북경오리요리는 오리를 사육해서 내장을 제거하고 살과 껍질 사이에 공기를 주입하고 건조시킨 뒤 가마에 구워 먹는 조리법이다.

둘째, 사천요리(서방계 요리)는 중국의 서쪽 내륙 산악지역을 중심으로 하는 요리이다. 지형적으로는 산악이 많고 물이 부족하며 날씨가 건조하여 고추, 후추, 산초 등의 향신료를 많이 사용한다. 건조한 날씨와 산악지형에 알맞은 절임음식, 건조음식, 향신료 등이 매우 발달되었다. 음식 또한 센 불에서 단시간에 조리하는 경우가 많으며 음식의 간이 비교적 센 편이다. 대표적인 요리로는 마파두부가 있다. 마파두부는 두부에 돼지고기와 두반장소스, 고추, 조미료를 첨가해서 먹는 조리법이다.

셋째, 강소요리(동방계 요리)는 남경요리, 상해요리라고도 한다. 지리적으로 넓은 평야와 풍부한 수자원으로 재료가 풍부하며 다양한 요리가 발달되었다. 해산물을 즐겨 사용하며 쌀 또한 주로 사용하고, 각종 요리주와 발효음식이 발달되었으며 다른 지역에 비해서 단맛이 좀 더 나는 것이 특징이다. 대표적인 요리로는 동파육이 있다. 동파육은 돼지고기 삼겹살을 한 번 데쳐내고 각종 한약재와 양념을 넣고 8시간 이상 삶아서 조려낸 음식이다.

넷째, 광동요리(남방계 요리)는 중국의 최남단 해안지역을 중심으로 아열대, 열대성 기후지역이며, 국제적으로 교류가 빈번하여 서구의 식문화와 식재료, 조리법이 많이 발달되었다. 광동요리에는 식재료의 풍부함이 최고로 알려져 있다. 서양요리의 조리법이 응용되어 다양한 향신료와 조미료를 음식에 사용한다. 아열대, 열대성기후로 인해 간을 세게 하지 않으며, 부드럽고 담백한 맛을 주로 낸다. 대표적인 요리는 불도장이 있다. 불도장은 닭, 돼지, 오리 등의 고급식재료와 자양강장의 한약재, 소흥주 등 20여 종의 주재료와 각종 재료를 사용하여 약한 불에서 4시간 정도 충분히 우려내어 깊은 맛을 내는 조리법이다.

02 중국요리의 식재료 및 향신료 이해

1. 중국요리의 조미료 종류

① 춘장

대두, 밀가루, 소금, 누룩을 4개월 이상 발효시켜 만든 양념이다. 향기로우며 갈색을 띠고 있다. 북경요리, 산동요리에 주로 사용된다. 중식조리기능사 실기시험 중 경장육사에 지급된다.

② 두반장

두반장은 잠두콩을 원료로 만든 된장으로, 콩이 완전히 으깨지지 않은 채로 들어 있다. 중식조리기능사 실기시험 중 마파두부에 지급된다.

③ 노두유

노두추 또는 노추라고도 하며, 색상이 진한 간장을 말한다. 맛은 약간 달고 짠맛이 있다. 주로 캐러멜 색소 대신에 검은 색을 낼 때 사용한다.

④ 해선장

해선장은 소금에 절인 새우장, 게장, 대합장 등의 총칭이다. 맛이 신선하며 짜고 붉은 갈색을 띤다. 볶음이나 조림요리에 많이 사용한다.

⑤ 굴소스

굴의 즙을 소금에 절여 발효시킨 것으로 갈색을 띠며 약간 걸쭉하다. 구이나 냉채 등을 만들 때 자주 사용한다.

2. 중국요리의 향신료

① 파

파의 매운 향은 비린내를 없애 주며 식욕을 자극하고 소화를 돕는다.

② 마늘

음식의 맛과 향을 돋우고 살균 효과도 있다.

③ 생강

북방요리에 주로 사용되며 비장을 보호하고 땀을 나게 한다.

④ 팔각

대회향이라고도 하며 오향분의 주재료이다. 방향이 강해 음식의 향기를 증진시키고 오래 끓이거나 고는 요리, 재어두었다가 만드는 요리에 주로 쓴다.

⑤ 소회향

소회향은 회향의 열매로 향이 진해 대회향과 함께 자주 사용한다. 음식에 향을 더해 주고 나쁜 맛을 없애므로 소고기요리나 양고기요리에 자주 사용된다.

⑥ 마른 고추

맵고 얼얼한 맛 때문에 요리에 자주 사용된다. 고추는 특히 사천요리에 많이 사용된다.

⑦ 계피

오향분의 주재료로 향이 있고 맛이 매우면서 달아 음식의 맛과 향을 좋게 한다.

⑧ 고수

내장이나 고기의 누린내를 없애주는 고기요리나 탕요리에 많이 쓰인다.

⑨ 후추

향과 맛이 맵고 뜨거운 성질이므로 장과 위를 따뜻하게 한다. 비린내를 없애주므로 비린 맛이 강한 동물성 재료를 조리할 때 주로 사용하며 살균효과도 있다. 지나치게 많이 먹으면 위점막을 자극하며 폐에도 좋지 않다.

⑩ 정향

정향나무의 꽃봉오리이며 맛이 맵고 뜨거운 성질로 위를 따뜻하게 하여 체기를 없애주므로 소화불량, 구토, 설사 등에 좋다. 향균작용을 하고 피부의 백선치료에 쓰며, 구취를 없애 주는 효능이 있다.

3. 중국요리에 사용되는 한약재류

① 구기자

맛이 달고 자극적이지 않은 평한 성질로, 간과 신장의 기능을 활발하게 하여 눈을 맑게 한다. 허리와 무릎이 시리고 아플 때, 머리가 어지럽고 눈이 침침할 때 효과가 있다.

② 대추

달고 따뜻한 성질로, 비위를 보하고 진액과 기를 만든다. 대추에는 당분, 단백질, 비타민이 많다. 일반적으로 신경안정 효과가 있어 불안, 초조, 신경과민으로 인한 불면증에 좋다.

③ 백합

기침을 멎게 하고 심장의 열을 내려 신경을 안정시킨다. 기침이 오래갈 때, 가래 속에 피가 섞여 나올 때, 경기가 있을 때 먹으면 좋다.

④ 연밥

맛은 달고 떫다. 신경안정 효과가 있으며 신장과 비장을 튼튼하게 하므로 냉대하나 비장이 허해 생긴 설사 등에 좋다.

⑤ 산마

참마의 줄기를 말린 것이다. 맛이 달고 평한 성질로 비장과 신장의 기능을 강화한다. 오줌소태나 유정, 또 비장이 허해 생긴 설사 등에 치료 효과가 있다.

⑥ 은행

맛이 달고 쓰며 평한 성질이 있다. 기침, 가래, 대하, 유정, 빈뇨 등에 효과가 있다.

⑦ 잣

지방이 많아 배변에 도움이 된다. 맛이 달고 미온한 성질로 폐와 장기능을 활발하게 하며 풍을 막아 준다. 관절통, 변비, 마른기침, 어지럼증 등에 적합하다. 오래 먹으면 피부가 고와진다.

⑧ 산사

식욕을 돋우고 소화가 잘되게 하여 체기를 풀어 준다. 어혈을 풀고 설사를 멎게 하는 효능이 있어 세균성 이질에 좋다. 혈압을 내리고 심장을 강하게 한다.

⑨ 천궁

혈액순환을 좋게 하며, 당귀와 적절히 섞어 쓰면 조혈작용을 촉진하므로 빈혈에 좋다. 또 기의 순환을 원활하게 하여 풍을 막고, 통증을 멎게 하므로 두통, 폐경, 복통, 타박상에 좋다.

⑩ **복령**

  소나무를 잘라낸 뒤 뿌리에서 자생하는 균을 말린 것으로, 맛이 달고 평한 성질로 수분대사를 순조롭게 한다. 신장염이나 방광염 등으로 인해 소변보기가 나쁘고 부종이 있을 때 효과가 있다. 속이 더부룩할 때, 구토, 설사, 건망증 등에도 좋다.

⑪ **백출**

  맛이 달면서도 쓰고 따뜻한 성질이다. 비장을 튼튼하게 하며, 기를 이롭게 하고 체내의 습한 기운을 없애 수분대사를 돕고 땀나는 것을 막아준다. 비위가 약하고 식욕이 없으며 무기력하고 수종, 설사, 소변을 잘 보지 못하는 사람에게 좋다.

⑫ **용안**

  맛이 달고 따뜻한 성질로, 심장과 비장에 이롭고 기와 혈을 보한다. 신경을 안정시키므로 불면, 가슴 두근거림, 일상적인 스트레스 완화에 좋다. 마른기침이 있거나 열병으로 체액이 부족하고 입이 마를 때도 효과가 있다.

⑬ **당귀**

  맛이 달고 매우며 따뜻한 성질로, 대표적인 보혈제이다. 조혈기능을 촉진하므로 빈혈, 생리불순, 폐경으로 인한 복통, 허혈성 두통, 어지럼증 등에 좋다.

⑭ **백편두**

  콩과식물로 비장을 튼튼하게 하고 더위와 습기를 없앤다. 비위가 약하거나 더위와 습기로 인한 설사 등에 좋다.

⑮ **감초**

  맛이 달고 평한 성질로, 폐에 좋고 해독작용을 하며 약재들을 조화시키는 효능이 있다. 복통, 피곤하며 열이 날 때, 기침이 심하고 경련이 있을 때 등에 좋다.

⑯ 인삼

맛이 달고 약간 쓰며 평한 성질로, 원기를 회복시키고 정신을 안정시키며 진액을 생성하는 효능이 있다. 혈액순환을 좋게 하고, 당뇨병 환자에게는 혈당을 내려 주는 약리효과가 있다.

과로, 무기력, 구토, 기침, 건망증, 어지럼증, 두통, 잠잘 때 땀이 나는 증상 등에 좋다.

⑰ 숙지황

당분과 비타민이 주성분이다. 맛이 달고 약간 따뜻한 성질로 음기를 자양하고 혈을 보하는 효능이 있다. 허혈, 폐와 신장 기능저하, 허리와 무릎증상 등에 좋다. 천궁과 배합해서 쓰면 빈혈에 좋다.

4. 중국요리에 사용되는 식재료

① 해삼

영양가가 높아 바다의 인삼으로 평가되며, 중국에서는 주로 건해삼을 사용한다. 몸집이 크며 육질이 두텁고 체내에 모래가 없으며 색깔이 검고 흠집이 없는 것이 상품이다.

② 해파리

명반과 소금으로 압착하여 수분을 없애고 깨끗이 씻은 뒤 다시 소금에 절인 것이다. 해파리는 새콤달콤하게 무쳐서 차갑게 해 술안주로 가장 많이 먹는다.

③ 양장피

양장피잡채를 만들 때 사용되며, 뜨거운 물에 10분 정도 담갔다가 건져서 찬물에 씻은 다음 사용한다.

④ 향고

표고버섯을 의미하며 화고, 동고, 평고의 3가지 종류가 있다. 항암성분이 들어 있으며 콜레스테롤과 고혈압을 내려주고 감기, 당뇨병, 간염 등의 질병에 좋다. 표고버섯을 요리에 사용할 때는 그 향을 될 수 있는 한 많이 없애도록 한다. 다른 재료에 미치는 영향이 커서 다른 재료 고유의 맛을 잃기가 쉽기 때문이다.

⑤ 전분

중국요리에 많이 쓰는 녹말은 녹두가루, 감자전분, 완두가루, 소맥전분 등이 있다. 녹말은 요리의 수분, 질감, 온도를 일정한 수준으로 유지 보호해주며, 요리를 부드럽고 매끄럽게 하며 바삭거리게 만든다.

⑥ 청경채

중국인들이 자주 즐겨 먹는 야채로 칼슘, 철분, 비타민A 등이 시금치보다 많이 함유되어 있다.

⑦ 부추

잎이 넓고 부드러우며 연녹색으로 섬유질이 적다. 섬유질이 많아 변비가 있는 사람에겐 좋지만, 소화력이 약하고 위장병이 있는 사람은 적게 먹거나 먹지 않는 것이 좋다.

⑧ 셀러리

아삭거리는 질감이 좋고 영양이 풍부하며, 특히 칼슘과 철분, 섬유소를 많이 함유하고 있으며 특유한 향 때문에 향신채로 많이 사용된다.

⑨ 목이버섯

영양성분이 비교적 높고, 혈압과 혈중지질 농도를 낮추고 심장병을 예방하며 항암작용을 한다.

⑩ 죽순

소화를 촉진하고 배변을 좋게 한다. 탕이나 볶음, 조림요리 등에 사용되며, 표고버섯과 중국요리에서는 빠져서는 안 되는 부재료이다. 통조림죽순은 석회질을 제거하고 반드시 끓는 물에 살짝 데쳐서 사용한다.

03 중국요리의 조리기구와 조리법

1. 중국요리의 조리기구

① 팬

바닥이 둥근 금속냄비로 불에 닿는 면이 넓고 열이 균등하게 고루 미치도록 되어 있다. 열 흡수가 빠르고 팬 바닥을 넓게 쓸 수 있어 주로 볶음과 튀김을 하므로 볶음팬 또는 튀김팬이라고 한다. 무쇠냄비 외에 알루미늄, 스테인리스 냄비 등이 있다. 북방팬과 남방팬으로 나눠진다.

② 칼

중화 칼은 넓고 두꺼우며 쇠로 되어있어 무겁다. 모양에 따라 칼끝이 둥근 칼, 말머리 모양 칼, 칼날 끝이 뾰족한 칼로 나눌 수 있다. 일반적으로 네모 칼을 많이 쓰며, 칼날의 길이는 21cm이다. 보통 한 자루로 모든 재료를 썰어 조리하는 경우가 많다. 칼 면의 폭이 넓어 썬 재료를 옮기기 편하고 파, 마늘, 생강을 두들기거나 다지는 데 좋다.

③ 도마

통나무로 만든 것으로 중국 특유의 도마이다. 노송, 은행나무, 버드나무, 후박나무, 벚나무 등을 주재료로 사용한다. 새 도마는 소금물에 담가 나무의 섬유질을 수축시켜야 재질이 단단해져 내구력이 좋아진다.

④ 대나무 찜통

대나무 찜통은 뚜껑과 본체로 나눠져 있다.

⑤ 국자

국자는 반구형이며 센 불에서 조리하기 편하도록 긴 나무자루가 달려 있다. 중화팬 속의 식재료를 고루 섞는 것 외에 요리를 담거나 조미료를 계량하는 등 여러 가지 쓰임새가 있다.

2. 중화요리의 기본 조리법

중국요리는 한 번에 익혀서 먹는 일이 거의 없다. 뜨거운 물에 데치거나 미리 익히거나 기름에 데치는 등 먼저 애벌조리를 한 다음 마무리 조리를 하는 것이 일반적이다. 조리법은 기름에 볶는 방법이 전체의 약 80%로 주를 이룬다. 더불어 중국요리는 쪄서 튀겨내고 다시 볶는 식의 복합적인 조리법이 발달했다.

밑손질의 목적은 물기를 없애 간이 잘 스며들도록 하고, 조리시간을 단축하며 재료가 고루 익게 하는 것이다. 밑손질을 해서 볶으면 조리시간이 짧아져 영양소 파괴가 적고 맛과 질도 좋아진다.

조미는 음식 맛을 향상시키고 나쁜 맛을 제거한다. 기본적인 조미방법은 가열 전 조미방법, 가열 중 조미방법, 가열 후 조미방법, 그리고 혼합 조미방법이 있다.

중식조리의 기본 조리방법은 5종류로 분류할 수 있다.

강한 불의 조리법, 물에 의한 조리법, 수증기의 조리법, 기름을 이용한 조리법, 기타 조리법으로 구분할 수 있다. 여기에는 각각 다른 불의 강약의 순서도 따르면서 조리방법을 교묘하게 이용하기도 한다.

04 중식조리기능사 실기 기초과정

1. 중화팬 길들이기

❶ 가스레인지 위에 중화팬을 올려놓고 연기가 날 정도로 놔둔다.

❷ 조심스럽게 뜨거운 물을 부어서 끓인 다음 다시 따라낸다.

❸ 동일한 방법을 2번 반복한다.

❹ 물기를 제거한 중화팬을 가스레인지 위에 올려놓고 식용유를 부어 기름종이로 둘러가며 닦으면서 코팅한다.

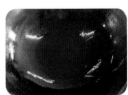
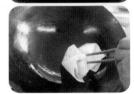

2. 오징어 칼집 넣기

❶ 갑오징어는 배를 가른 뒤 내장을 제거하고 껍질 쪽에 칼집을 넣어서 단단한 석회질을 제거한 뒤 손에 소금을 묻혀서 껍질 쪽을 잡아당기면서 살과 분리한다.

❷ 내장이 있던 부분에 0.2cm 간격으로 일정하게 촘촘히 세로로 칼집을 넣는다.

❸ 갑오징어를 길이방향으로 폭이 4cm가 되도록 분할한다.

❹ 분할한 갑오징어를 가로로 놓은 뒤 0.5cm 간격으로 칼을 오른쪽으로 기울여 칼집을 넣다

가 폭이 2cm가 되는 지점에서 각각 썰어준다.

❺ 끓는 물에 소금을 넣어 살짝 데쳐내고 찬물에 식혀서 수분 제거 후 사용한다.

3. 고구마 각썰기

❶ 고구마의 껍질을 벗긴 후 길게 4등분한다.

❷ 각이 많이 생기도록 한 번 썰고, 앞으로 돌려가면서 썬 후 갈변방지를 위해서 찬물에 담가둔다.

4. 달걀지단 부치기

❶ 달걀에 물녹말을 혼합한 후 젓가락으로 잘 풀어준 뒤 체에 걸러 준비한다.

❷ 달군 중화팬에 기름을 두르고 원을 그리듯이 달걀물을 부어준다.

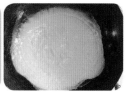

5. 만두피 빚기

❶ 밀가루를 체에 내린 후 찬물에 소금을 넣고 반죽 후 많이 치대어준다.

❷ 만두피를 밀대로 돌려가면서 밀어서 만두피를 만든다.

❸ 만두피에 소를 채워넣고 양손 엄지와 검지로 모양을 잡는다.

6. 겨자소스 만들기

❶ 겨잣가루에 따뜻한 물을 넣어 갠다.

❷ 냄비에 물을 끓인 후 불을 끄고 뚜껑을 덮고, 겨자 그릇을 뒤집어서 발효시킨다.

7. 빠스 만들기

❶ 팬에 설탕을 넣고 기름을 두른 후 센 불에서 젓지 말고 녹인다.

❷ 설탕이 가장자리부터 녹기 시작하면 불을 줄이고 나무주걱으로 서서히 저어서 완전히 녹인다.

❸ 녹인 설탕시럽에 튀긴 고구마를 넣고 골고루 잘 저어서 버무린 후 찬물 2큰술을 넣어 식힌다.

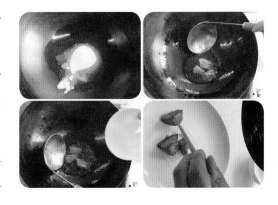

❹ 완성접시에 식용유를 바른 후 빠스를 담고 하나씩 들어서 실을 만들어 완성한다.

8. 고추기름 만들기

❶ 팬에 기름을 넣고 달군 후 고춧가루를 넣고 은근히 볶는다.

❷ 고춧가루가 충분히 풀어지면 체에 키친타월을 깔고 고춧가루기름을 내린다.

9. 닭다리살 포뜨기

❶ 뼈를 중심으로 칼집을 골반 쪽과 닭다
   리살 쪽의 안쪽부분으로 넣은 후 골반
   과 닭다리뼈를 손으로 분리한 후 골반
   뼈를 칼로 제거한다.
❷ 칼로 남은 뼈들을 발라가면서 제거한다.

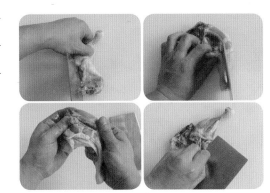

10. 오이 썰기

❶ 소금으로 오이를 씻은 후 4군데를 중심으로 오이의 겉껍질을 얇게 저며서 제거한다.
❷ 오이를 길이방향으로 반으로 나눈뒤 칼을 45° 어슷하게 썬다.

11. 물녹말 만들기

❶ 녹말가루와 물을 1 : 2 비율로 배합한다.
❷ 물녹말을 손으로 만져봐서 미끌한 느낌이 들도록 완성한다.

📝 수/험/자/유/의/사/항

❶ 만드는 순서에 유의하며, 위생과 숙련된 기능평가를 위하여 조리작업 시 맛을 보지 않습니다.

❷ 지정된 수험자 지참준비물 이외의 조리기구나 재료를 시험장 내에 지참할 수 없습니다.

❸ 지급재료는 시험 전 확인하여 이상이 있을 경우 시험위원으로부터 조치를 받고 시험 중에는 재료의 교환 및 추가지급은 하지 않습니다.

❹ 요구사항 및 지급재료의 규격은 "정도"의 의미를 포함하며, 지급된 재료의 크기에 따라 가감하여 채점됩니다.

❺ 위생복, 위생모, 앞치마, 마스크를 착용하여야 하며, 시험장비·조리도구 취급 등 안전에 유의합니다.

❻ 다음 사항은 실격에 해당하여 **채점대상에서 제외**됩니다.

　가) 수험자 본인이 시험 도중 시험에 대한 포기 의사를 표현하는 경우

　나) 위생복, 위생모, 앞치마, 마스크를 착용하지 않은 경우

　다) 시험시간 내에 과제 두 가지를 제출하지 못한 경우

　라) 문제의 요구사항대로 과제의 수량이 만들어지지 않은 경우

　마) 완성품을 요구사항의 과제(요리)가 아닌 다른 요리(예, 달걀말이→달걀찜)로 만든 경우

　바) 불을 사용하여 만든 조리작품이 작품특성에 벗어나는 정도로 타거나 익지 않은 경우

　사) 해당과제의 지급재료 이외 재료를 사용하거나 요구사항의 조리기구(석쇠 등)로 완성품을 조리하지 않은 경우

　아) 지정된 수험자 지참준비물 이외의 조리기술에 영향을 줄 수 있는 기구를 사용한 경우

　자) 가스레인지 화구 2개 이상(2개 포함) 사용한 경우

　차) 시험 중 시설·장비(칼, 가스레인지 등) 사용 시 시험위원 및 타 수험자의 시험 진행에 위해를 일으킬 것으로 시험위원 전원이 합의하여 판단한 경우

　카) 요구사항에 표시된 실격 및 부정행위에 해당하는 경우

❼ 항목별 배점은 위생상태 및 안전관리 5점, 조리기술 30점, 작품의 평가 15점입니다.

❽ 시험시작 전 가벼운 몸 풀기(스트레칭) 동작으로 긴장을 풀고 시험을 시작합니다.

중식
튀김조리

학습내용	평가항목	성취수준		
		상	중	하
튀김 준비	튀김의 특성을 고려하여 적합한 재료를 선정할 수 있다.			
	각 재료를 튀김의 종류에 맞게 준비할 수 있다.			
	튀김의 재료에 따라 온도를 조정할 수 있다.			
튀김 조리	재료를 튀김 요리에 맞게 썰 수 있다.			
	용도에 따라 튀김옷 재료를 준비할 수 있다.			
	조리 재료에 따라 기름의 종류, 양, 온도를 조절할 수 있다.			
	재료 특성에 맞게 튀김을 할 수 있다.			
	사용한 기름의 재사용 또는 폐기를 위한 처리를 할 수 있다.			
튀김 완성	튀김 요리의 종류에 따라 그릇을 선택할 수 있다.			
	튀김 요리에 어울리는 기초 장식을 할 수 있다.			
	표준 조리법에 따라 색깔, 맛, 향, 온도를 고려하여 튀김 요리를 담을 수 있다.			

🎯 학습자 결과물

탕수육 (糖醋肉 | táng cù ròu)
탕　　추　　로우

시험시간 **30분**

요구사항

※ **주어진 재료를 사용하여 탕수육을 만드시오.**

㉮ 돼지고기는 길이를 4cm, 두께 1cm의 긴 사각형 크기로 써시오.

㉯ 채소는 편으로 써시오.

㉰ 앙금녹말을 만들어 사용하시오.

㉱ 소스는 달콤하고 새콤한 맛이 나도록 만들어 돼지고기에 버무려 내시오.

 지급재료

- 돼지등심(살코기) 200g
- 진간장 15㎖
- 달걀 1개
- 녹말가루(감자전분) 100g
- 식용유 800㎖
- 식초 50㎖
- 백설탕 100g
- 대파(흰부분, 6cm) 1토막
- 당근(길이로 썰어서) 30g
- 완두(통조림) 15g
- 오이(가늘고 곧은 것, 20cm, 원형으로 지급) 1/4개
- 건목이버섯 1개
- 양파(중, 150g) 1/4개
- 청주 15㎖

만드는 법

① 돼지고기는 길이 4cm, 두께 1cm 길이로 썰어 간장, 청주로 밑간해 놓는다.

② 대파 3cm, 당근 · 오이 4cm 편으로 썰고 목이버섯은 물에 불려서 먹기 좋은 크기로 뜯어 놓고 완두콩은 끓는 물에 살짝 데쳐 찬물에 씻어 놓는다.

③ 앙금녹말(된녹말)을 만들고 달걀흰자를 넣어 튀김옷을 만들고 밑간한 돼지고기에 고루 버무린다.

④ 녹말가루 1큰술, 물 2큰술을 섞어 물녹말을 만들어 놓는다.

⑤ 160℃의 튀김기름에 튀김옷을 입힌 돼지고기를 두 번 바삭하게 잘 튀겨낸다.

⑥ 팬에 기름 1큰술을 두르고 뜨거워질 때 대파를 넣어 볶다가 간장 1큰술, 청주 1큰술로 향을 내고 육수 200ml를 넣고 당근, 목이버섯과 설탕 3큰술, 식초 3큰술을 넣어 끓인 후 오이와 물녹말을 넣어 농도를 맞춘다.

⑦ 바삭하게 튀긴 고기에 소스를 끼얹거나 버무려낸다.

핵심 요약

• 앙금녹말 만들기 : 앙금녹말은 시간이 걸리므로 제일 먼저 만들어 놓을 것 (비율 : 녹말가루 1/2컵, 물 1/3컵 섞어 만든다)
• 고기는 완전히 익을 수 있도록 바삭하고 노릇하게 두 번 튀긴다.
• 오이를 일찍 넣으면 색이 변하기 때문에 나중에 넣는 것이 좋다.

MEMO

👨‍🍳 *Cooking tip*

숙련된 기능	주요 실수사례	양념비율 정리
• 탕수소스의 농도가 적당함 • 탕수소스의 단맛과 신맛의 배합비가 적당함	• 튀길 때 온도가 높아서 타는 경우	• 탕수소스 : 육수(물) 1컵, 간장 1큰술, 설탕 3큰술, 식초 3큰술 • 물녹말 비율 – 녹말가루 1큰술 : 물 2큰술

깐풍기 (乾烹鷄 | gān pēng Jī)
깐   펑   지

요구사항

※ 주어진 재료를 사용하여 깐풍기를 만드시오.

㉮ 닭은 뼈를 발라낸 후 사방 3cm 사각형으로 써시오.

㉯ 닭을 튀기기 전에 튀김옷을 입히시오.

㉰ 채소는 0.5cm×0.5cm로 써시오.

지급재료

- 닭다리[한 마리(1.2kg) 허벅지살 포함 반 마리 지급 가능] 1개
- 진간장 15㎖
- 검은 후춧가루 1g
- 청주 15㎖
- 달걀 1개
- 백설탕 15g
- 녹말가루(감자전분) 100g
- 식초 15㎖
- 마늘(중, 깐 것) 3쪽
- 대파(흰부분, 6cm) 2토막

- 청피망(중, 75g) 1/4개
- 홍고추(생) 1/2개
- 생강 5g
- 참기름 5㎖
- 식용유 800㎖
- 소금(정제염) 10g

만드는 법

❶ 홍고추, 청피망, 대파는 각각 0.5cm×0.5cm로 썰고, 마늘, 생강은 다진다.

❷ 닭은 깨끗이 손질하여 핏물과 기름을 제거한 후 뼈를 발라내고 사방 3cm 크기로 썬다.

❸ 손질한 닭에 간장 1/2큰술, 청주 1/2큰술, 소금, 후춧가루로 밑간한다.

❹ 깐풍소스를 만들어 놓는다(육수 2큰술, 식초 1큰술, 설탕 1큰술, 간장 1큰술, 후추).

❺ 녹말가루 3큰술, 달걀 2큰술을 넣어 튀김옷을 만들어 밑간해 둔 닭에 버무려서 160℃ 정도의 기름에 두 번 바삭하게 튀긴다.

❻ 팬에 기름을 두르고 뜨거워지면 파, 마늘, 생강을 넣어 고루 볶다가 청피망, 홍고추를 넣고 튀긴 닭과 깐풍소스를 넣어 볶아 국물이 없어지면 참기름을 넣어 버무린 후 담아낸다.

 핵심 요약

• 닭은 밑간을 하고 바삭하게 튀겨낸다.

• 깐풍기는 국물이 없도록 만든 요리로, 채소의 색이 선명하게 재빨리 완성해야 한다.

• 홍고추, 대파, 마늘은 0.5cm 크기로 일정하게 썰어야 보기가 좋다.

MEMO

 *Cooking tip*

숙련된 기능	주요 실수사례	양념비율 정리
• 뼈를 발라내는 방법이 능숙함 • 튀김 온도 조절	• 온도가 높아서 겉만 익고 안은 안 익는 경우 • 볶을 때 온도가 높아서 타는 경우	• 깐풍소스 : 육수(물) 2큰술, 설탕 1큰술, 식초 1큰술, 간장 1큰술, 후추 약간

탕수생선살 (糖醋魚塊 | táng cù yú kuài)
탕   추   위   콰이

요구사항

※ **주어진 재료를 사용하여 탕수생선살을 만드시오.**

㉮ 생선살은 1cm×4cm 크기로 썰어 사용하시오.

㉯ 채소는 편으로 썰어 사용하시오.

㉰ 소스는 달콤하고 새콤한 맛이 나도록 만들어 튀긴 생선에 버무려 내시오.

 지급재료

- 흰 생선살(껍질 벗긴 것, 동태 또는 대구) 150g
- 달걀 1개
- 당근 30g
- 오이(가늘고 곧은 것, 20cm) 1/6개
- 완두콩 20g
- 파인애플(통조림) 1쪽
- 건목이버섯 1개
- 진간장 30㎖
- 백설탕 100g
- 식용유 600㎖
- 식초 60㎖
- 녹말가루(감자전분) 100g

만드는 법

① 생선살은 1cm×4cm로 썰어서 녹말가루와 달걀흰자를 넣고 잘 버무려 기름에 바삭하게 튀겨낸다.

② 채소는 편으로 썰고 완두콩은 끓는 물에 살짝 데쳐 찬물에 헹구고 목이 버섯은 적당한 크기로 뜯어놓는다.

③ 녹말가루 1큰술, 물 2큰술을 섞어 물녹말을 만들어 놓는다.

④ 팬에 기름을 두르고 당근, 목이버섯, 파인애플, 완두콩 순으로 넣고 볶다가 물 1컵, 간장 1큰술, 설탕 3큰술, 식초 3큰술을 넣고 끓으면 오이를 넣고 물녹말을 넣어 농도를 맞춘다.

⑤ 완성한 탕수소스에 튀긴 고기를 넣고 버무려 완성한다.

핵심요약

- 생선살은 1cm×4cm 크기로 썰어서 사용한다.
- 채소는 편으로 썰어 사용한다.
- 생선살은 잘 부서지므로 손질할 때 유의한다.

MEMO

 *Cooking tip*

숙련된 기능
- 생선살의 크기를 일정하게 잘 썰고 녹말에 잘 버무리는 능숙함

주요 실수사례
- 생선살이 부서지지 않아야 한다.

양념비율 정리
- 탕수소스 : 육수 1컵, 설탕 3큰술, 식초 3큰술, 간장 1큰술
- 물녹말 비율 – 녹말가루 1큰술 : 물 2큰술

중식
조림조리

학습내용	평가항목	성취수준		
		상	중	하
조림 준비	조림의 특성을 고려하여 적합한 재료를 선정할 수 있다.			
	각 재료를 조림의 종류에 맞게 준비할 수 있다.			
	조림의 종류에 맞게 도구를 선택할 수 있다.			
조림 조리	재료를 각 조림요리의 특성에 맞게 손질할 수 있다.			
	손질한 재료를 기름에 익히거나 물에 데칠 수 있다.			
	조림 조리를 위해 화력을 강약으로 조절할 수 있다.			
	조림에 따라 양념과 향신료를 조절 사용할 수 있다.			
	조림요리 특성에 따라 전분으로 농도를 조절하여 완성할 수 있다.			
조림 완성	조림의 종류에 따라 그릇을 선택할 수 있다.			
	조림요리에 어울리는 기초 장식을 할 수 있다.			
	표준 조리법에 따라 색깔, 맛, 향, 온도를 고려하여 조림요리를 담을 수 있다.			
	도구를 사용하여 적합한 크기로 요리를 잘라 제공할 수 있다.			

🎯 학습자 결과물

난자완스 (南煎丸子 | nán jiān wān zi)
난　　찌안　　완　　쯔

시험시간 25분

요구사항

※ 주어진 재료를 사용하여 난자완스를 만드시오.

㉮ 완자는 지름 4cm로 둥글고 납작하게 만드시오.

㉯ 완자는 손이나 수저로 하나씩 떼어 팬에서 모양을 만드시오.

㉰ 채소크기는 4cm 크기의 편으로 써시오.(단, 대파는 3cm 크기)

㉱ 완자는 갈색이 나도록 하시오.

지급재료

- 돼지등심(다진 살코기) 200g
- 마늘(중, 깐 것) 2쪽
- 대파(흰부분, 6cm) 1토막
- 소금(정제염) 3g
- 달걀 1개
- 녹말가루(감자전분) 50g
- 죽순[통조림(whole), 고형분] 50g
- 건표고버섯(지름 5cm, 물에 불린 것) 2개
- 생강 5g
- 검은 후춧가루 1g
- 청경채 1포기
- 진간장 15㎖
- 청주 20㎖
- 참기름 5㎖
- 식용유 800㎖

만드는 법

❶ 표고버섯과 죽순은 끓는 물에 데친다.

❷ 표고버섯과 청경채는 밑동을 잘라내고 죽순은 빗살 모양을 살려 4cm 크기 편으로 썬다.

❸ 대파는 반으로 갈라 길이 3cm로 썰고 마늘은 편, 생강은 다진다.

❹ 돼지고기는 한 번 더 다져 소금으로 밑간하고 달걀과 녹말을 넣어 끈기나게 잘 치댄다.

❺ 녹말가루 1큰술, 물 2큰술을 섞어 물녹말을 만들어 놓는다.

❻ 팬에 기름을 두르고 양념한 돼지고기를 한 손에 쥐어 뺀 다음 숟가락으로 떠 넣고 완자의 지름이 4cm 되게 둥글납작하게 숟가락으로 눌러주며 지지다 기름을 더 넣고 한 번 더 튀겨낸다.

❼ 팬에 기름을 두르고 뜨거워지면 대파와 생강, 마늘을 넣어 볶다가 간장 1큰술, 청주 1큰술을 넣고 죽순, 표고버섯, 청경채를 같이 넣어 볶으면서 육수 200ml를 부어 끓으면 소금 간을 맞추고 튀긴 완자를 넣고 중불에 약간 끓인다.

❽ 소스가 적당히 졸여지면 물녹말을 풀어 넣고 농도가 걸쭉해지면 참기름을 넣고 살짝 버무린다.

핵심요약

• 고기반죽은 양념을 하여 충분히 치댄 후 완자를 빚어야 지질 때 갈라지지 않는다.

• 고기반죽에 녹말가루를 너무 많이 넣으면 완자가 딱딱해지므로, 반죽을 약간 질게 해야 익은 후에 부드럽다.

• 완자를 빚는 동안 손에 묻지 않기 위해서는 손과 접시에 식용유를 조금 바른다.

ME MO

 *Cooking tip*

숙련된 기능	주요 실수사례	양념비율 정리
• 고기 다지는 기술이 능숙함	• 손으로 완자를 지름 4cm로 만들어서 익히는 경우	• 물녹말 비율 – 녹말가루 1큰술 : 물 2큰술

홍쇼두부 (紅燒豆腐 │ hong shaō dòu fu)
홍   샤오   또우   푸

요구사항

※ **주어진 재료를 사용하여 홍쇼두부를 만드시오.**

㉮ 두부는 가로와 세로 5cm, 두께 1cm의 삼각형 크기로 써시오.

㉯ 채소는 편으로 써시오.

㉰ 두부는 으깨어지거나 붙지 않게 하고 갈색이 나도록 하시오.

 지급재료

- 두부 150g
- 돼지등심(살코기) 50g
- 건표고버섯(지름 5cm, 물에 불린 것) 1개
- 죽순[통조림(whole), 고형분] 30g
- 마늘(중, 깐 것) 2쪽
- 생강 5g
- 진간장 15㎖
- 녹말가루(감자전분) 10g
- 청주 5㎖
- 참기름 5㎖
- 식용유 500㎖
- 청경채 1포기
- 대파(흰부분, 6cm) 1토막
- 홍고추(생) 1개
- 양송이[통조림(whole), 양송이 큰 것] 1개
- 달걀 1개

만드는 법

① 표고버섯과 죽순은 끓는 물에 데친다.

② 두부는 사방 5cm, 두께 1cm의 삼각형으로 썰어 물기를 제거한다.

③ 생강, 마늘은 편으로 썰고 대파는 3cm 길이로 썰어 반으로 가른다.

④ 죽순, 청경채는 4cm 길이로 썰고 표고버섯과 양송이는 모양대로 편으로 썬 다. 홍고추는 반 갈라 씨를 빼고 4cm 길이로 썬다.

⑤ 돼지고기는 핏물을 제거하고 채소들과 비슷한 크기로 편을 썰어 청주, 간장 으로 밑간하여 달걀흰자와 녹말가루를 버무린다.

⑥ 두부는 150℃에서 달라붙지 않게 넣어 노릇하게 굽거나 튀겨낸다.

⑦ 튀김팬에 고기가 잠길 정도로 식용유를 붓고 약한 불에 고기를 넣어 기름 에 데쳐 놓는다.

⑧ 물녹말을 만들어 놓는다(녹말 1큰술, 물 2큰술).

⑨ 팬에 기름 1큰술을 두르고 대파, 마늘, 생강을 넣고 볶다가 간장 1큰술, 청 주 1큰술을 넣어 향을 내고 표고버섯, 양송이, 죽순, 홍고추, 청경채를 넣어 살짝 볶는다.

⑩ 물 200ml를 붓고 끓으면 튀긴 두부와 돼지고기를 넣고 물 전분을 넣어 농 도를 맞춘 뒤 참기름을 넣고 고루 섞어 완성한다.

핵심 요약

• 두부를 튀길 때는 수분제거를 철저히 하고 너무 오랫동안 튀기면 질겨진다.
• 모든 재료의 크기가 작지 않게 큼직하게 썬다.
• 간장 빛깔이 소스 전체에 붉은 느낌이 들도록 색을 낸다.

ME MO

 *Cooking tip*

숙련된 기능	주요 실수사례	양념비율 정리
• 두부를 썰고 튀기는 능숙함	• 두부를 팬에 지져서 익히는 경우	• 물녹말 비율 – 녹말가루 1큰술 : 물 2큰술

중식
밥조리

학습내용	평가항목	성취수준		
		상	중	하
쌀 준비	필요한 쌀의 양과 물의 양을 계량할 수 있다.			
	조리 방식에 따라 여러 종류의 쌀을 이용할 수 있다.			
	계량한 쌀을 씻고 일정 기간 불려 둘 수 있다.			
조리 방법	쌀의 종류와 특성, 건조도에 따라 물의 양을 가감할 수 있다.			
	표준 조리법에 따라 필요한 조리 기구를 선택하여 활용할 수 있다.			
	주어진 일정과 상황에 따라 조리 시간과 방법을 조정할 수 있다.			
	표준 조리법에 따라 화력의 강약을 조절하여 가열시간 조절, 뜸들이기를 할 수 있다.			
	메뉴 종류에 따라 보온 보관 및 재가열을 실시할 수 있다.			
요리 완성	메뉴에 따라 볶음 요리와 튀김 요리를 곁들여 조리할 수 있다.			
	화력의 강약을 조절하여 볶음밥을 조리할 수 있다.			
	메뉴 구성을 고려하여 소스(짜장소스)와 국물(달걀 국물 또는 짬뽕 국물)을 곁들여 제공할 수 있다.			
	메뉴에 따라 어울리는 기초 장식을 할 수 있다.			

 학습자 결과물

새우볶음밥 (蝦仁炒飯 | xiā rén chǎo fàn)
시아 렌 차오 판

요구사항

※ 주어진 재료를 사용하여 새우볶음밥을 만드시오.

㉮ 새우는 내장을 제거하고 데쳐서 사용하시오.

㉯ 채소는 0.5cm 크기의 주사위 모양으로 써시오.

㉰ 부드럽게 볶은 달걀에 밥, 채소, 새우를 넣어 질지 않게 볶아 전량 제출하시오.

지급재료

- 쌀(30분 정도 물에 불린 쌀) 150g
- 작은 새우살 30g
- 달걀 1개
- 대파(흰부분, 6cm) 1토막
- 당근 20g
- 청피망(중, 75g) 1/3개
- 식용유 50㎖
- 소금 5g
- 흰 후춧가루 5g

만드는 법

① 새우살은 내장을 제거한 후 끓는 소금물에 데쳐 놓는다.

② 불린 쌀은 씻어서 체에 건진 후 동량의 물을 넣어 밥을 고슬고슬하게 지어 접시에 펼쳐 식혀 놓는다.

③ 대파, 당근, 청피망은 0.5cm 크기의 주사위 모양으로 썰어 놓는다. 달걀은 잘 풀어 체에 내려 놓는다.

④ 달구어진 팬에 식용유를 두르고 따뜻해지면 달걀을 부드럽게 볶은 후 밥, 채소, 데친 새우를 넣어 질지 않게 볶아 소금으로 간을 한다.

⑤ 밥공기를 사용하여 볶은 밥을 담아서 완성접시에 밥공기를 뒤집어서 보기 좋게 담아낸다.

핵심요약

- 약한 불에서 볶으면 밥알이 딱딱한 느낌을 준다.
- 볶음팬과 기름을 미리 뜨겁게 해서 사용하면 밥이 달라붙지 않고 밥알이 살아 있는 것처럼 고슬고슬한 볶음밥을 만들 수 있다.

MEMO

 *Cooking tip*

숙련된 기능

- 밥을 고슬고슬하게 하는 기술
- 볶을 때 눌거나 타지 않게 하는 기술

주요 실수사례

- 밥이 질게 되는 경우

중식
면조리

☑ 학/습/평/가

학습내용	평가항목	성취수준		
		상	중	하
재료·부재료 준비 및 전처리	면의 특성을 고려하여 적합한 밀가루를 선정할 수 있다.			
	면 요리 종류에 따라 재료를 준비할 수 있다.			
	면 요리 종류에 따라 도구·제면기를 선택할 수 있다.			
면 뽑기	면의 종류에 따라 적합하게 반죽하여 숙성할 수 있다.			
	면 요리에 따라 수타면과 제면기를 이용하여 면을 뽑을 수 있다.			
	면 요리에 따라 면의 두께를 조절할 수 있다.			
면 삶기	면의 종류와 양에 따라 끓는 물에 삶을 수 있도록 한다.			
	삶은 면을 찬물에 헹구어 면을 탄력 있게 할 수 있도록 한다.			
	메뉴에 따라 적합한 그릇을 선택하여 차거나 따뜻하게 담을 수 있다.			
소스별 조리하여 면 완성	메뉴에 따라 소스나 국물을 만들 수 있다.			
	요리별 표준 조리법에 따라 색깔, 맛, 향, 온도, 농도, 국물의 양을 고려하여 소스나 국물을 담을 수 있다.			
	메뉴에 따라 어울리는 기초 장식을 할 수 있다.			

 학습자 결과물

유니짜장면 (肉泥炸醬麵 | ròuní zhá jiàng miàn)
러우니 자 지앙 미엔

요구사항

※ 주어진 재료를 사용하여 유니짜장면을 만드시오.

㉮ 춘장은 기름에 볶아서 사용하시오.

㉯ 양파, 호박은 0.5cm×0.5cm 크기의 네모꼴로 써시오.

㉰ 중식면은 끓는 물에 삶아 찬물에 헹군 후 데쳐 사용하시오.

㉱ 삶은 면에 짜장소스를 부어 오이채를 올려내시오.

 지급재료

- 돼지등심(다진 살코기) 50g
- 중식면(생면) 150g
- 양파(중, 150g) 1개
- 호박(애호박) 50g
- 오이(가늘고 곧은 것, 20cm) 1/4개
- 춘장 50g
- 생강 10g
- 진간장 50㎖
- 청주 50㎖
- 소금 10g
- 백설탕 20g
- 참기름 10㎖

- 녹말가루(감자전분) 50g
- 식용유 100㎖

만드는 법

① 양파와 호박은 0.5cm×0.5cm의 네모꼴로 썰고, 오이는 5cm 정도 길이로 어슷하게 편으로 썰어 채를 썬다. 생강은 곱게 다진다.

② 다진 돼지고기도 다시 한번 다져 놓고, 물녹말을 만들어 놓는다.

③ 팬에 먼저 춘장이 잠길 정도의 기름을 넣고, 기름이 뜨거워지면 기름 3큰술, 춘장 2큰술을 넣어 타지 않게 저으면서 알맞게 볶아 용기에 담아낸다.

④ 팬에 기름을 넣고 뜨거워지면 약간의 양파와 생강, 다진 고기를 넣고 볶다가 간장 1작은술, 청주 1작은술을 넣어 향을 낸다.

⑤ 다진 고기가 익으면 나머지 양파와 호박을 넣고 고루 볶아준다.

⑥ ⑤에 춘장을 넣고 물 1컵, 소금 약간, 설탕 1큰술을 넣고 뭉쳐지지 않게 물녹말로 농도를 맞춘 후 참기름을 넣고 버무려 짜장소스를 완성한다.

⑦ 중식면은 끓는 물에 삶아 찬물에 헹군 뒤 다시 뜨거운 물에 데쳐서 그릇에 담아 짜장소스를 붓고, 오이채를 썰어서 올려 낸다.

 핵심 요약

- 춘장은 기름에 볶아서 사용한다.
- 춘장은 너무 오래 볶으면 뭉쳐지고 딱딱해진다.
- 삶은 면에 짜장소스를 부어 오이채를 올려낸다.

 MEMO

 *Cooking tip*

숙련된 기능
- 춘장 볶는 기술이 능숙함
- 채소 재료를 일정하게 썰기

주요 실수사례
- 춘장 볶을 때 타는 경우

양념비율 정리
- 물녹말 비율 – 녹말가루 1큰술 : 물 2큰술

울면 (溫滷麵 │ wnl miàn)
온루 미엔

요구사항

※ 주어진 재료를 사용하여 울면을 만드시오.

㉮ 오징어, 대파, 양파, 당근, 배춧잎은 6cm 길이로 채를 써시오.

㉯ 중식면은 끓는 물에 삶아 찬물에 헹군 후 데쳐 사용하시오.

㉰ 소스는 농도를 잘 맞춘 다음, 달걀을 풀 때 덩어리지지 않게 하시오.

 지급재료

- 중식면(생면) 150g
- 오징어(몸통) 50g
- 작은 새우살 20g
- 조선부추 10g
- 대파(흰부분, 6cm) 1토막
- 마늘(중, 깐 것) 3쪽
- 당근(길이 6cm) 20g
- 배춧잎(1/2잎) 20g
- 건목이버섯 1개
- 양파(중, 150g) 1/4개
- 달걀 1개
- 진간장 5㎖
- 청주 30㎖
- 참기름 5㎖
- 소금 5g
- 녹말가루(감자전분) 20g
- 흰 후춧가루 3g

만드는 법

❶ 오징어, 대파, 양파, 당근, 배춧잎은 길이 6cm로 채 썬다.

❷ 마늘은 다지고 목이버섯은 물에 불려 4cm 크기로 뜯거나 썰고, 부추는 길이 6cm로 썬다.

❸ 중식면은 끓는 물에 삶아 찬물에 헹군 뒤 다시 뜨거운 물에 데쳐 그릇에 담는다.

❹ 녹말가루 1큰술, 물 2큰술을 섞어 물녹말을 만들어 놓는다.

❺ 냄비에 육수 3컵을 넣고 끓으면 마늘, 대파를 먼저 넣고 간장 1작은술, 청주 1큰술을 넣은 다음 당근, 양파, 배추, 목이버섯 순으로 넣고 끓으면 오징어와 새우살을 넣고 끓인다.

❻ 육수가 끓으면 물녹말을 풀어 걸쭉하게 만든 후 달걀을 풀고 소금으로 간을 맞춘 뒤 부추와 흰 후춧가루, 참기름을 넣어 소스를 완성한 다음, 면 위에 붓는다.

 핵심 요약

- 오징어, 대파, 양파, 당근, 배춧잎은 6cm 길이로 채 썬다.
- 소스는 농도를 잘 맞춘 다음, 달걀을 풀 때 뭉치지 않게 한다.
- 마지막에 거품이 생기면 거품을 제거한다.

 ME MO

 *Cooking tip*

숙련된 기능	주요 실수사례	양념비율 정리
• 중식면 삶는 기술 • 달걀 푸는 기술	• 육수의 농도가 너무 뻑뻑하거나 달걀이 지저분하게 풀어지는 경우	• 물녹말 비율 – 녹말가루 1큰술 : 물 2큰술

중식
냉채조리

학습내용	평가항목	성취수준		
		상	중	하
냉채 준비	선택된 메뉴를 고려하여 냉채 요리를 선정할 수 있다.			
	냉채 조리의 특성과 성격을 고려하여 재료를 선정할 수 있다.			
	재료를 계절과 재료 수급 등 냉채 요리 종류에 맞추어 손질할 수 있다.			
기초 장식 만들기	요리에 따른 기초 장식을 할 수 있다.			
	재료의 특성을 고려하여 기초 장식을 만들 수 있다.			
	만들어진 기초 장식을 보관·관리할 수 있다.			
냉채 조리	무침, 데침, 찌기, 삶기, 조림 등의 조리 방법을 표준 조리법에 따라 적용할 수 있다.			
	해산물, 육류 및 가금류 등 냉채의 일부로 사용되는 재료를 표준 조리법에 따라 준비하여 조리할 수 있다.			
	냉채 종류에 따른 적합한 소스를 선택하여 조리할 수 있다.			
	숙성 및 발효가 필요한 소스를 조리할 수 있다.			
냉채 완성	전체 식단의 양과 구성을 고려하여 제공하는 양을 조절할 수 있다.			
	냉채 요리의 모양과 제공 방법을 고려하여 접시를 선택할 수 있다.			
	숙성 시간과 온도, 선도를 고려하여 요리를 담아낼 수 있다.			
	냉채 요리에 어울리는 기초 장식을 할 수 있다.			

 학습자 결과물

오징어냉채 (凉拌墨魚 | liàng bàn yóu yú)
리양 반 요 위

요구사항

※ **주어진 재료를 사용하여 오징어냉채를 만드시오.**

㉮ 오징어 몸살은 종횡으로 칼집을 내어 3~4cm로 썰어 데쳐서 사용하시오.

㉯ 오이는 얇게 3cm 편으로 썰어 사용하시오.

㉰ 겨자를 숙성시킨 후 소스를 만드시오.

 지급재료

- 갑오징어살(오징어 대체 가능) 100g
- 오이(가늘고 곧은 것, 20cm) 1/3개
- 식초 30㎖
- 백설탕 15g
- 소금(정제염) 2g
- 참기름 5㎖
- 겨자 20g

만드는 법

① 겨자는 미지근한 물에 개어서 뒤집어 매운맛이 나도록 발효시킨다.

② 오징어는 내장과 껍질을 벗기고 안쪽에 종횡으로 칼집을 넣어 3~4cm 정도 자른 후 끓는 물에 데쳐서 찬물에 헹군다.

③ 오이는 가시를 제거하고 반으로 잘라서 길이 3cm, 두께 0.2cm로 어슷썰기를 한다.

④ 발효시킨 겨자 1큰술에 설탕 1큰술, 육수 1큰술, 소금 1/3작은술, 식초 1큰술을 혼합하여 간을 맞춘 후 참기름을 넣는다.

⑤ 데쳐서 식힌 갑오징어와 오이를 골고루 섞어서 보기 좋게 담고 겨자소스를 위에 끼얹는다(겨자소스를 버무려서 제출해도 된다).

（**핵심 요약**）

- 먼저 겨자를 발효시키고 나머지 작업을 하는 것이 좋다.
- 갑오징어는 반드시 안쪽에 칼집을 넣어야 하고, 오그라들지 않도록 손질하고 너무 오래도록 삶지 않는다.
- 겨자는 반드시 따뜻한 물에 개어서 발효시키고, 소스를 만들기 전까지는 엎어 놓아 맛과 향이 날아가지 않도록 주의한다.

（**ME MO**）

 *Cooking tip*

주요 실수사례
- 칼집을 넣을 때 껍질 쪽에 넣는 경우가 많다. 항상 구분을 잘하고 칼집을 넣는다.

양념비율 정리
- 겨자소스 : 발효된 겨자 1큰술, 설탕 1큰술, 소금 1/3 작은술, 식초 1큰술, 육수 1큰술, 참기름 1작은술

해파리냉채 (涼拌海蜇皮 | liàng bàn hǎi zhé pí)
리양 반 하이 쩌 피

요구사항

※ 주어진 재료를 사용하여 해파리냉채를 만드시오.

㉮ 해파리는 염분을 제거하고 살짝 데쳐서 사용하시오.

㉯ 오이는 0.2cm×6cm 크기로 어슷하게 채를 써시오.

㉰ 해파리와 오이를 섞어 마늘소스를 끼얹어 내시오.

 지급재료

- 해파리 150g
- 오이(가늘고 곧은 것, 20cm) 1/2개
- 마늘(중, 깐 것) 3쪽
- 식초 45㎖
- 백설탕 15g
- 소금(정제염) 7g
- 참기름 5㎖

만드는 법

❶ 해파리는 여러 번 씻어 염분을 제거하고 오이는 소금으로 씻어 준비한다.

❷ 냄비에 물을 올려 물이 끓기 시작하면 해파리를 건져 끓는 물에 살짝 넣었 다 꺼내어 냉수에 담가 둔다.

❸ 오이는 0.2cm×6cm 크기로 어슷하게 채를 썬다.

❹ 마늘은 곱게 다진다.

❺ 해파리를 건져 수분을 제거한다.

❻ 다진 마늘, 설탕 1큰술, 식초 1큰술, 소금 1/2작은술, 참기름 약간을 섞어 마 늘소스를 만든다.

❼ 수분을 제거한 해파리와 오이를 잘 섞어 접시에 올려 담고 마늘소스를 끼 얹어 낸다.

 핵심 요약

- 해파리의 짠기와 잡냄새를 잘 제거한다.
- 해파리가 너무 질기지 않도록 약 70℃ 정도의 물에서 살짝만 데쳐서 사용한다.
- 해파리는 식초, 설탕물에 담그면 부드럽고 투명하다.

ME MO

 *Cooking tip*

숙련된 기능
- 오이는 어슷썰어 채를 썰어야 함 (한식조리기능사처럼 돌려깎기가 아님)

주요 실수사례
- 해파리 데칠 때 온도가 높아서 질 기게 데치는 경우가 많다. 항상 살 짝만 끓여서 해파리를 데친다.

양념비율 정리
- 마늘소스 : 다진 마늘 1큰술, 식 초 1큰술, 설탕 1큰술, 소금 1/2 작은술, 참기름 1/2작은술

중식
볶음조리

학습내용	평가항목	성취수준		
		상	중	하
볶음 준비	볶음의 특성을 고려하여 적합한 재료를 선정할 수 있다.			
	볶음 방법에 따른 조리용 매개체(물, 기름류, 양념류)를 이용하고 선정할 수 있다.			
	각 재료를 볶음의 종류에 맞게 준비할 수 있다.			
볶음 조리	재료를 볶음 요리에 맞게 썰 수 있다.			
	썰어진 재료를 조리 순서에 맞게 기름에 익히거나 물에 데칠 수 있다.			
	화력의 강약을 조절하고 양념과 향신료를 첨가하여 볶음 요리를 할 수 있다.			
	메뉴별 표준 조리법에 따라 전분을 이용하여 볶음 요리의 농도를 조절할 수 있다.			
볶음 완성	볶음 요리의 종류와 제공 방법에 따른 그릇을 선택할 수 있다.			
	메뉴에 따라 어울리는 기초 장식을 할 수 있다.			
	메뉴의 표준 조리법에 따라 볶음 요리를 담을 수 있다.			

🎯 학습자 결과물

양장피잡채 (炒肉 兩張皮 | chǎo ròu liǎng zhāng pí)
챠오 유 리양(량) 장(지양) 피

시험시간 **35분**

요구사항

※ 주어진 재료를 사용하여 양장피잡채를 만드시오.

㉮ 양장피는 4cm로 하시오.

㉯ 고기와 채소는 5cm 길이의 채를 써시오.

㉰ 겨자는 숙성시켜 사용하시오.

㉱ 볶은 재료와 볶지 않는 재료의 분별에 유의하여 담아내시오.

🥛 지급재료

- 양장피 1/2장
- 돼지등심(살코기) 50g
- 양파(중, 150g) 1/2개
- 조선부추 30g
- 건목이버섯 1개
- 당근(길이로 썰어서) 50g
- 오이(가늘고 곧은 것, 20cm) 1/3개
- 달걀 1개
- 진간장 5㎖
- 참기름 5㎖
- 겨자 10g
- 식초 50㎖
- 백설탕 30g
- 식용유 20㎖
- 작은 새우살 50g
- 갑오징어살(오징어 대체가능) 50g
- 건해삼(불린 것) 60g
- 소금(정제염) 3g

만드는 법

❶ 냄비에 물을 먼저 올려 겨자 1큰술을 따뜻한 물에 개어 발효시키고 양장피와 목이버섯은 뜨거운 물에 각각 불린다.

❷ 새우와 해삼은 내장을 제거하고 오징어는 껍질을 제거하여 안쪽에 칼집을 넣는다.

❸ 끓인 물에 당근, 새우, 칼집 넣은 오징어, 해삼을 데친다.

❹ 양파와 부추는 5cm 길이로 채 썰고 목이버섯은 손으로 뜯은 다음, 돼지고기는 핏물을 제거하고 5cm 길이로 채를 썬다.

❺ 달걀은 지단을 부쳐 5cm 길이로 채 썰고 데친 해삼과 오징어도 5cm 길이로 채를 썬다.

❻ 당근과 오이도 5cm 길이로 채를 썬다.

❼ 양장피는 냉수에 헹궈 사방 4cm 정도로 뜯어 참기름으로 무쳐놓는다.

❽ 발효시킨 겨자에 설탕 1큰술, 식초 1큰술, 소금, 물, 참기름을 넣어 겨자소스를 만든다.

❾ 팬에 기름을 두르고 돼지고기를 볶다가 간장 1작은술을 넣어 양파, 목이버섯, 부추 순으로 넣고 볶은 후 소금, 참기름을 넣어 식혀 놓는다.

❿ 접시에 당근, 오이, 달걀지단, 해삼, 새우, 오징어 등으로 돌려 담고 가운데 양장피를 담은 다음 중간에 ⑨의 볶은 것을 담고 돌려 담은 재료 위에 겨자소스를 끼얹는다.

- (핵심요약)

• 양장피 위에 잡채를 올릴 경우 양장피가 보이게 담도록 한다.
• 겨자소스는 40℃ 이상의 따뜻한 물에 개어야 매운맛과 톡 쏘는 맛이 강하게 난다.
• 돌려 담는 재료는 접시에 바로 세팅하여 시간을 절약한다.

- (MEMO)

 *Cooking tip*

숙련된 기능	주요 실수사례	양념비율 정리
• 일정하게 채썰기	• 시험시간을 많이 초과하는 경우 • 양장분이 안 익는 경우	• 겨자소스 : 발효된 겨자 1큰술, 식초 1큰술, 설탕 1큰술, 소금 1/3작은술, 참기름 1작은술, 물 1큰술

부추잡채 (韭菜炒肉絲 | chǎo jiǔ cài)
챠오 찌우 차이

시험시간 **20분**

요구사항

※ 주어진 재료를 사용하여 부추잡채를 만드시오.

㉮ 부추는 6cm 길이로 써시오.

㉯ 고기는 0.3cm×6cm 길이로 써시오.

㉰ 고기는 간을 하여 기름에 익혀 사용하시오.

 지급재료

- 부추[중국부추(호부
  추)] 120g
- 돼지등심(살코기) 50g
- 달걀 1개
- 청주 15㎖
- 소금(정제염) 5g
- 참기름 5㎖
- 식용유 100㎖
- 녹말가루(감자전분)
  30g

만드는 법

① 부추는 깨끗이 씻어 길이 6cm로 썰어서 흰부분과 푸른부분을 구분해 놓는다.

② 돼지고기는 핏물을 제거하고 얇게 저민 후 0.3cm×6cm 길이로 채를 썰어 소금 약간, 청주 1작은술을 넣어 밑간을 한 다음 달걀흰자 1/2큰술, 녹말가루 1/2큰술을 넣어 잘 버무린다.

③ 팬에 고기가 잠길 만큼의 기름을 넣고 100℃ 정도에서 고기가 서로 달라붙지 않도록 젓가락으로 저어가면서 부드럽게 데친다.

④ 팬에 기름을 두르고 뜨거워지면 부추 흰부분을 먼저 넣고 향이 나면 청주 1작은술을 넣어 볶다가 익힌 돼지고기와 부추 푸른부분을 넣고 센 불에서 볶아 소금으로 간을 한 후 참기름을 넣고 완성접시에 담아낸다.

핵심요약

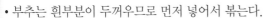

- 부추는 흰부분이 두꺼우므로 먼저 넣어서 볶는다.
- 부추의 선명한 푸른색이 유지될 수 있도록 센 불에서 단시간에 볶아낸다.
- 시험장에서 조선부추가 나올 경우에는 썬 부추를 볶기 직전에 소금으로 간을 한 다음 아주 재빨리 볶아야 물이 안 생기고 선명한 푸른색을 유지할 수 있다.

MEMO

 *Cooking tip*

숙련된 기능
- 고기를 포뜨는 기술

주요 실수사례
- 고기에 달걀물을 많이 넣는 경우
- 데칠 때 기름의 온도가 높은 경우

고추잡채 (青椒炒肉絲 | qing jiāo ròu sī)
청　찌아오　로우　쓰

요구사항

※ 주어진 재료를 사용하여 고추잡채를 만드시오.

㉮ 주재료 피망과 고기는 5cm의 채로 써시오.
㉯ 고기는 간을 하여 기름에 익혀 사용하시오.

지급재료

- 돼지등심(살코기)
  100g
- 청주 5㎖
- 녹말가루(감자전분)
  15g
- 청피망(중, 75g) 1개
- 달걀 1개
- 죽순[통조림(whole),
  고형분] 30g
- 건표고버섯(지름 5cm,
  물에 불린 것) 2개
- 양파(중, 150g) 1/2개
- 참기름 5㎖
- 식용유 150㎖

- 소금(정제염) 5g
- 진간장 15㎖

만드는 법

❶ 표고버섯과 죽순은 끓는 물에 데친다.

❷ 피망, 죽순, 표고버섯과 양파는 길이 5cm로 일정하게 채 썰어 놓는다. 이때 죽순은 빗살무늬를 제거한 다음 채썰고 표고버섯은 포뜬 후 채 썬다.

❸ 돼지고기는 얇게 저며서 5cm 길이로 가늘게 채 썰어 간장, 청주, 1작은술씩을 넣어 밑간을 한다.

❹ 밑간한 돼지고기에 달걀흰자 1작은술, 녹말가루 1작은술을 넣어 잘 버무린 뒤 팬에 고기가 잠길 만큼의 기름을 넣고 100℃ 정도에서 고기가 서로 달라붙지 않도록 젓가락으로 저어가면서 부드럽게 데친다.

❺ 팬에 기름을 두르고 뜨거워지면 양파, 죽순, 표고버섯을 넣어 볶다가 간장, 청주를 같이 넣어 볶은 후 피망을 넣고 소금으로 간을 맞춘 다음 익혀낸 고기를 넣어 살짝 볶아 참기름을 넣고 완성한다.

핵심요약

• 고기가 서로 달라붙지 않게 기름의 온도에 주의한다.
• 고기에 달걀, 녹말가루를 많이 넣으면 덩어리질 수 있으니 주의한다.
• 고추의 빛이 선명하도록 하려면, 센 불에서 마지막에 넣고 빠르게 조리해야 한다.

MEMO

 *Cooking tip*

숙련된 기능	**주요 실수사례**
• 피망을 잘 다루어 채 써는 기술	• 돼지고기에 달걀물을 많이 넣는 경우
	• 고기를 기름에 데칠 때 기름온도가 높은 경우

마파두부 (麻婆豆腐 │ má pó dòu fu)
마 포 또우 푸

요구사항

※ 주어진 재료를 사용하여 마파두부를 만드시오.

㉮ 두부는 1.5cm의 주사위 모양으로 써시오.

㉯ 두부가 으깨어지지 않게 하시오.

㉰ 고추기름을 만들어 사용하시오.

㉱ 홍고추는 씨를 제거하고 0.5cm×0.5cm로 써시오.

 지급재료

- 두부 150g
- 마늘(중, 깐 것) 2쪽
- 생강 5g
- 대파(흰부분, 6cm) 1토막
- 홍고추(생) 1/2개
- 두반장 10g
- 검은 후춧가루 5g
- 돼지등심(다진 살코기) 50g
- 백설탕 5g
- 녹말가루(감자전분) 15g
- 참기름 5㎖

- 식용유 60㎖
- 진간장 10㎖
- 고춧가루 15g

만드는 법

❶ 두부는 1.5cm의 주사위 모양으로 썰고, 홍고추는 씨를 제거하여 0.5cm 크기 정도로 썰고 대파, 마늘, 생강은 다진다.

❷ 돼지고기도 잘 다져서 준비하고 팬에 고춧가루 1큰술과 식용유 3큰술을 넣어 볶은 다음, 고운체에 걸러 고추기름을 만든다.

❸ 두부는 먼저 끓는 물에 소금을 넣고 데쳐서 체에 밭친다.

❹ 녹말가루 1큰술, 물 2큰술을 섞어 물녹말을 만들어 놓는다.

❺ 팬에 고추기름 1~2큰술을 두르고 뜨거워지면 다진 돼지고기를 볶다가 파, 마늘, 생강, 홍고추를 넣어 볶은 후 간장 1작은술, 물 1컵, 설탕 1작은술, 후춧가루를 넣고 끓이다가 두반장 1큰술을 넣고 끓인다.

❻ ⑤의 매운소스에 두부를 넣어 약간 끓이다가 녹말물을 조금씩 풀어 걸쭉하게 하여 농도를 맞춘 뒤 참기름을 넣어 섞어서 그릇에 담아낸다.

핵심요약

• 두부는 부서지지 않게 주사위 모양으로 썬다.
• 두부는 끓는 물에 살짝 데쳐서 사용한다.
• 요구사항에 따라 고춧가루는 기름에 고춧가루를 풀어 고추기름을 만들어 사용한다.

MEMO

Cooking tip

숙련된 기능	주요 실수사례	양념비율 정리
• 고추기름을 만드는 조리과정이 능숙함	• 고추기름 만들 때 태우는 경우	• 물녹말 비율 – 녹말가루 1큰술 : 물 2큰술 • 소스 : 육수(물) 1컵, 간장 1작은술, 두반장 1큰술, 설탕 1작은술, 후춧가루 • 고추기름 비율 : 고춧가루 1큰술, 식용유 3큰술

새우케첩볶음 (子母兩蝦 | fān qié xiā zén)
판 치에 시아 쩐

요구사항

※ 주어진 재료를 사용하여 새우케첩볶음을 만드시오.

㉮ 새우 내장을 제거하시오.
㉯ 당근과 양파는 1cm 크기의 사각으로 써시오.

지급재료

- 작은 새우살(내장이 있는 것) 200g
- 진간장 15㎖
- 달걀 1개
- 녹말가루(감자전분) 100g
- 토마토케첩 50g
- 청주 30㎖
- 당근(길이로 썰어서) 30g
- 양파(중, 150g) 1/6개
- 소금(정제염) 2g
- 백설탕 10g
- 식용유 800㎖
- 생강 5g
- 대파(흰부분, 6cm) 1토막
- 이쑤시개 1개
- 완두콩 10g

만드는 법

❶ 새우는 이쑤시개를 이용하여 내장을 제거한 후 소금, 청주로 밑간을 해 놓는다.

❷ 당근, 양파, 대파는 1cm 크기의 네모꼴로 썬 후, 생강은 다지고 완두콩은 끓는 물에 살짝 데쳐서 찬물에 씻어 한쪽으로 채소 접시에 같이 담아 놓는다.

❸ 녹말가루 1큰술, 물 2큰술을 섞어 물녹말을 만들어 놓는다.

❹ 밑간한 새우에 달걀과 녹말(1:3)을 넣어 반죽한 후 160℃의 기름에 바삭하게 튀겨낸다.

❺ 팬에 기름을 두르고 대파, 생강을 볶다가 양파, 당근, 완두콩을 넣어 볶은 다음 육수 1/2컵을 넣고 간장 1작은술, 케첩 3큰술, 설탕 1큰술을 넣어 끓으면 물녹말을 넣고 농도를 맞춘다.

❻ 소스에 튀긴 새우를 넣고 잘 섞어준 뒤 접시에 담는다.

 핵심요약

- 채소는 색이 변하지 않게 팬이 충분히 달궈진 후에 기름을 두르고 청주로 향을 낸 후 채소를 넣어 볶는다.
- 새우는 두 번 튀기면 지나치게 수분이 빠져 뻣뻣해지므로 한 번만 튀긴다.
- 물녹말은 저어가면서 풀어 농도를 맞춘다.

MEMO

 *Cooking tip*

숙련된 기능	주요 실수사례	양념비율 정리
• 새우살에 반죽 익히는 정도	• 바삭하게 튀기지 않을 경우 • 녹말물이 많이 들어가서 되직하게 되는 경우	• 케첩소스 : 육수(물) 1/2컵, 간장 1작은술, 케첩 3큰술, 설탕 1큰술 • 물녹말 비율 – 녹말가루 1큰술 : 물 2큰술

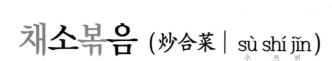

채소볶음 (炒合菜 | sù shí jǐn)
추 쯔 찐

요구사항

※ 주어진 재료를 사용하여 채소볶음을 만드시오.

㉮ 모든 채소는 길이 4cm의 편으로 써시오.

㉯ 대파, 마늘, 생강을 제외한 모든 채소는 끓는 물에 살짝 데쳐서 사용하시오.

🫙 지급재료

- 청경채 1개
- 대파(흰부분, 6cm) 1토막
- 당근(길이로 썰어서) 50g
- 죽순[통조림(whole), 고형분] 30g
- 청피망(중, 75g) 1/3개
- 건표고버섯(지름 5cm, 물에 불린 것) 2개
- 식용유 45㎖
- 소금(정제염) 5g
- 진간장 5㎖
- 청주 5㎖
- 참기름 5㎖
- 마늘(중, 깐 것) 1쪽
- 흰 후춧가루 2g
- 생강 5g
- 셀러리 30g
- 양송이[통조림(whole), 양송이 큰 것] 2개
- 녹말가루(감자전분) 20g

만드는 법

❶ 표고버섯과 죽순, 양송이는 끓는 물에 데치고 모든 채소는 깨끗이 씻는다.

❷ 청경채는 두꺼운 부분을 잘라내고, 샐러리는 섬유질을 제거한 후 청경채, 당근, 청피망과 함께 4cm 편으로 썬다.

❸ 마늘, 생강, 양송이는 편으로 썬다.

❹ 죽순은 빗살 모양으로 썰고 표고버섯은 기둥을 뗀 다음 4cm 편으로 썰고, 대파는 2등분하여 길이 3cm로 썬다.

❺ 대파, 마늘, 생강을 제외한 모든 채소는 끓는 물에 소금을 넣고 한 번 살짝 데쳐 찬물에 헹군다.

❻ 녹말가루 1/2큰술, 물 1큰술을 섞어 물녹말을 만들어 놓는다.

❼ 팬에 기름을 두른 뒤 대파와 생강, 마늘을 넣고 향이 나면 간장 1/2작은술과 청주 1작은술을 넣어 볶다가 데쳐낸 채소들을 넣어 센 불에 빨리 볶는다.

❽ ⑦에 물 3큰술을 넣고 끓으면 물녹말을 넣어 농도를 맞추고 참기름을 넣어 살짝 버무린다.

 핵심요약

- 단단한 채소는 먼저 끓는 물에 살짝 데쳐서 볶아야 색상이 퇴색되지 않는다.
- 볶음요리는 단시간에 강한 불에서 재빨리 볶아야 하고, 간장의 양을 적당히 조절하며 나머지 간은 소금으로 하는 것이 채소의 색을 선명하게 살릴 수 있다.
- 국물의 농도는 흘러내리지 않는 정도로 해야 한다.

ME
MO

 *Cooking tip*

숙련된 기능	주요 실수사례	양념비율 정리
• 센 불에서 재빨리 볶는 기술 • 일정한 크기로 써는 기술	• 센 불에서 볶다가 태우는 경우 • 물을 많이 넣어서 걸쭉해지는 경우	• 녹말물 비율 : 녹말가루 1/2큰술, 물 1큰술 • 소스 : 육수 3큰술, 소금 1/3작은술

라조기 (辣椒鷄 | là jiāo jī)
라 지아오(쟈오) 지

요구사항

※ 주어진 재료를 사용하여 라조기를 만드시오.

㉮ 닭은 뼈를 발라낸 후 5cm×1cm의 길이로 써시오.

㉯ 채소는 5cm×2cm의 길이로 써시오.

 지급재료

- 닭다리(한 마리 1.2kg, 허벅지살 포함 반 마리 지급 가능) 1개
- 죽순[통조림(whole), 고형분] 50g
- 건표고버섯(지름 5cm, 물에 불린 것) 1개
- 홍고추(건) 1개
- 양송이[통조림(whole), 양송이 큰 것] 1개
- 청피망(중, 75g) 1/3개
- 청경채 1포기
- 생강 5g
- 대파(흰부분, 6cm)

- 2토막
- 마늘(중, 깐 것) 1쪽
- 달걀 1개
- 진간장 30㎖
- 소금(정제염) 5g
- 청주 15㎖
- 녹말가루(감자전분) 100g
- 고추기름 10㎖
- 식용유 900㎖
- 검은 후춧가루 1g

만드는 법

❶ 대파, 죽순, 표고버섯, 청경채, 청피망은 5cm×2cm로 썰고 마늘, 생강, 양송이는 편으로 썬다.

❷ 건홍고추는 씨를 제거하고 5cm×2cm로 썬다.

❸ 닭은 뼈를 발라 5cm×1cm 크기로 썰어 소금, 청주, 후춧가루를 넣고 간을 하여 달걀 2큰술과 녹말가루 3큰술을 넣어 버무린다.

❹ 녹말가루 1큰술, 물 2큰술을 섞어 물녹말을 만들어 놓는다.

❺ 160℃의 기름에 두세 번 바삭하게 튀겨준다.

❻ 팬에 고추기름을 두르고 대파, 생강, 마늘, 건고추를 넣고 향이 나면 간장 1큰술과 청주 1큰술을 같이 넣어 볶다가 채소를 순서대로 넣어 볶는다.

❼ ⑤에 물 1컵을 넣고 소금, 후추로 간을 한 후 물녹말로 농도를 맞추고 튀긴 닭을 넣고 버무려 완성접시에 담아낸다.

핵심요약

• 닭은 밑간을 하고 바삭하게 튀겨낸다.

• 채소를 볶는 순서에 주의한다.

• 푸른색 채소는 열에 의해 색이 누렇게 변하므로 재빨리 볶고 따뜻한 육수를 부어 빨리 조리하는 것도 한 방법이다.

MEMO

 *Cooking tip*

숙련된 기능	주요 실수사례	양념비율 정리
• 뼈를 발라내는 방법에 능숙함 • 튀김 온도 조절	• 고추기름이 제공되지만 확인 못하고 안 넣는 경우 • 참기름을 넣는 경우	• 물녹말 비율 – 녹말가루 1큰술 : 물 2큰술

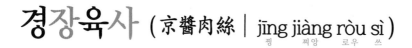

경장육사 (京醬肉絲 | jīng jiàng ròu sì)
찡 찌앙 로우 쓰

요구사항

※ 주어진 재료를 사용하여 경장육사를 만드시오.

㉮ 돼지고기는 길이 5cm의 얇은 채로 썰고, 기름에 익혀 사용하시오.

㉯ 춘장은 기름에 볶아서 사용하시오.

㉰ 대파 채는 길이 5cm로 어슷하게 채 썰어 매운맛을 빼고 접시에 담으시오.

 지급재료

- 돼지등심(살코기) 150g
- 죽순[통조림(whole), 고형분] 100g
- 대파(흰부분, 6cm) 3토막
- 달걀 1개
- 춘장 50g
- 식용유 300㎖
- 백설탕 30g
- 굴소스 30㎖
- 청주 30㎖
- 진간장 30㎖
- 녹말가루(감자전분) 50g
- 참기름 5㎖
- 마늘(중, 깐 것) 1쪽
- 생강 5g

만드는 법

❶ 대파는 씻어서 어슷하게 채를 썰어 찬물에 담가 매운맛을 빼준다.

❷ 죽순은 끓는 물에 데쳐 채로 썰고, 나머지 대파와 마늘, 생강은 짧게 채를 썬다.

❸ 돼지고기는 5cm의 얇은 채로 썰어서 간장 1작은술, 청주 1작은술로 밑간을 한다.

❹ ③에 달걀흰자 1큰술, 녹말가루 1큰술을 넣고 버무려 기름에 익혀낸다.

❺ 녹말가루 1큰술, 물 2큰술을 섞어 물녹말을 만든다.

❻ 춘장은 기름 3큰술, 춘장 2큰술을 넣고 볶아낸다.

❼ 팬에 기름을 두르고 대파, 마늘, 생강을 넣고 볶다가 간장 1작은술, 청주 1작은술을 넣고 죽순채, 익힌 돼지고기를 넣은 뒤 춘장과 굴소스 1작은술, 설탕 1작은술, 물 1/3을 넣고 끓으면 물녹말로 농도를 맞춘 후 참기름을 넣어 완성한다.

❽ 물에 담가 둔 파채의 물기를 제거하고 도넛 모양으로 접시에 깔고 그 위에 볶은 짜장고기를 올려 완성한다.

핵심
요약

- 짜장소스가 타지 않게 만들어야 한다.
- 돼지고기를 볶을 땐 기름을 넉넉히 둘러 익히듯이 볶아준다.
- 파채는 먼저 준비하여 찬물에 충분히 담가 휘어지도록 한다.

ME
MO

 Cooking tip

숙련된 기능	주요 실수사례	양념비율 정리
• 춘장 볶는 기술에 능숙함	• 춘장을 볶을 때 타는 경우	• 춘장볶음 시 비율 : 춘장 2큰술, 식용유 3큰술 • 물녹말 비율 – 녹말가루 1큰술 : 물 2큰술

중식
후식조리

학습내용	평가항목	성취수준		
		상	중	하
후식 준비	주메뉴의 구성을 고려하여 알맞은 후식 요리를 선정한다.			
	표준 조리법에 따라 후식 재료를 선택할 수 있다.			
	소비량을 고려하여 재료의 양을 미리 조정할 수 있다.			
	재료에 따라 전처리하여 사용할 수 있다.			
더운 후식류 만들기	메뉴의 구성에 따라 더운 후식의 재료를 준비할 수 있다.			
	용도에 맞게 재료를 알맞은 모양으로 잘라 준비할 수 있다.			
	조리 재료에 따라 튀김 기름의 종류, 양과 온도를 조절할 수 있다.			
	재료 특성에 맞게 튀김을 할 수 있다.			
	알맞은 온도와 시간으로 설탕을 녹여 재료를 버무릴 수 있다.			
찬 후식류 만들기	재료를 후식 요리에 맞게 썰 수 있도록 지도한다.			
	후식류의 특성에 맞추어 조리할 수 있도록 지도한다.			
	용도에 따라 찬 후식류를 만들 수 있도록 지도한다.			
후식류 완성	후식 요리의 종류와 모양에 따라 알맞은 그릇을 선택할 수 있다.			
	표준 조리법에 따라 용도에 알맞은 소스를 만들 수 있다.			
	더운 후식 요리는 온도와 시간을 조절하여 빠스 요리를 만들 수 있다.			
	후식 요리의 종류에 맞춰 담아낼 수 있다.			

◎ 학습자 결과물

빠스옥수수 (拔絲玉米 | bá sī yù mǐ)
빠 스 위 미

요구사항

※ 주어진 재료를 사용하여 빠스옥수수를 만드시오.

㉮ 완자의 크기를 지름 3cm 공 모양으로 하시오.
㉯ 땅콩은 다져 옥수수와 함께 버무려 사용하시오.
㉰ 설탕시럽은 타지 않게 만드시오.
㉱ 빠스옥수수는 6개 만드시오.

 지급재료

- 옥수수(통조림, 고형분) 120g
- 땅콩 7알
- 밀가루(중력분) 80g
- 달걀 1개
- 백설탕 50g
- 식용유 500㎖

만드는 법

❶ 옥수수는 체에 받쳐 물기를 뺀 후 부드럽게 으깨어 다진다.

❷ 땅콩은 껍질을 벗긴 뒤 잘게 다진다.

❸ 다진 옥수수에 달걀노른자 1/2큰술과 밀가루 2~3큰술, 다진 땅콩을 같이 섞어서 약간 되직하게 반죽한다.

❹ 팬에 기름을 두르고 온도가 140℃ 정도가 되면 옥수수탕 반죽을 왼손에 쥐고 지름 3cm 크기로 숟가락으로 떼어서 노릇하게 튀겨 낸다.

❺ 팬에 설탕 3큰술, 식용유 1큰술을 넣고 얇게 펴서 설탕이 녹은 뒤 연한 갈색빛이 나도록 시럽을 준비한다.

❻ 접시에 식용유를 발라 완성접시를 준비한다.

❼ 시럽에 튀긴 옥수수를 넣고 실이 나게 재빠르게 버무린다.

❽ 완성접시에 붙지 않도록 실이 보이도록 보기 좋게 담아낸다.

핵심요약

- 설탕시럽이 빠스옥수수에 묻었을 때 젓가락으로 들어 올리면 가느다란 실이 생겨야 한다.
- 빠스옥수수 반죽은 묽은 것보다는 약간 되직한 것이 튀기기 좋으므로, 옥수수알 자체에 수분을 잘 제거하고 노른자를 넣어야 묽지 않다. 또한 밀가루를 먼저 넣고 잘 저어 농도를 확인한 후 노른자를 넣는다.
- 설탕시럽의 온도가 너무 높으면 실이 잘 생기지 않는다.

MEMO

 *Cooking tip*

숙련된 기능	주요 실수사례	양념비율 정리
• 시럽을 능숙하게 만드는 기술	• 시럽이 타는 경우 • 반죽을 손바닥으로 굴려서 동그란 모양을 만드는 경우	• 설탕시럽 : 설탕 3큰술, 식용유 1큰술

빠스고구마 (拔絲紅薯 | bá sī dì guā)

빠 스 띠 꾸아

시험시간 **25분**

요구사항

※ **주어진 재료를 사용하여 빠스고구마를 만드시오.**

㉠ 고구마는 껍질을 벗기고 먼저 길게 4등분을 내고, 다시 4cm 길이의 다각형으로 돌려썰기 하시오.

㉡ 튀김이 바삭하게 되도록 하시오.

 지급재료

- 고구마(300g) 1개
- 식용유 1,000㎖
- 백설탕 100g

만드는 법

1 고구마는 껍질을 벗기고 길게 4등분을 낸 후 4cm 크기의 다각형 모양으로 돌려가면서 썬 후 찬물에 담가 전분을 제거한다.

2 수분을 제거한 고구마를 150℃ 정도의 튀김기름에 노릇노릇하게 튀겨낸다.

3 완성접시에 식용유를 발라 놓는다.

4 팬에 설탕 3큰술, 식용유 1큰술을 넣어 연한 갈색빛이 나도록 시럽을 준비한다.

5 ④의 시럽에 튀긴 고구마를 넣고 실이 나게 재빨리 버무린다.

6 완성접시에 붙지 않도록 실이 보이도록 담아낸다.

핵심요약

- 설탕시럽이 고구마에 묻었을 때 젓가락으로 들어 올리면 가느다란 실이 생겨야 한다.
- 설탕을 팬에 넓고 얇게 펼쳐주면 골고루 빨리 녹는다.
- 고구마는 150℃ 온도에서 잘 익도록 노릇하게 튀기고, 두 번째는 180℃ 온도에서 살짝만 튀겨내면 바삭바삭하고 노릇하게 튀겨진다.

MEMO

 *Cooking tip*

숙련된 기능	주요 실수사례	양념비율 정리
• 시럽을 능숙하게 만드는 기술	• 시럽이 타는 경우 • 고구마가 안 익는 경우 • 시럽의 온도가 알맞지 않아서 실이 생기지 않는 경우	• 설탕시럽 : 설탕 3큰술, 식용유 1큰술

(사)한국식음료외식조리교육협회 교재 편집위원 명단

지역	훈련기관명	기관장	전화번호	홈페이지
서울	동아요리기술학원	김희순	02-2678-5547	http://dongacook.kr
인천	국제요리학원	양명순	032-428-8447	http://www.kukjecook.co.kr
	상록호텔조리전문학교	윤금순	032-544-9600	www.sncook.or.kr
강원	김희진요리제과제빵커피전문학원	김희진	033-252-8607	http://www.김희진요리제과제빵커피전문학원.kr
	삼척요리제과제빵직업전문학교	조순옥	033-574-8864	
경기	경기외식직업전문학교	박은경	031-278-0146	http://www.gcb.or.kr
	김미연요리제과제빵학원	김미연	031-595-0560	http://www.kimcook.kr
	김포중앙요리제과학원	정연주	031-988-4752	http://gfbc.co.kr
	동두천요리학원	최숙자	031-861-2587	http://www.tdcook.com
	마음쿠킹클래스학원	김미혜	031-773-4979	https://ypcookingclass.modoo.at
	부천조리제과제빵직업전문학교	김명숙	032-611-1100	http://www.bucheoncook.com
	안산중앙요리제과제빵학원	육광심	031-410-0888	http://www.jacook.net
	용인요리제과제빵학원	김복순	031-338-5266	http://cafe.daum.net/cooking-academy
	월드호텔요리제과커피학원	이영호	031-216-7247	http://www.wocook.co.kr
	은진요리학원	이민진	031-292-9340	http://www.ejcook.co.kr
	이봉춘 셰프 실용전문학교	이봉춘	031-916-5665	http://www.leecook.co.kr
	이천직업전문학교	김미섭	031-635-7225	http://www.icheoncook.co.kr
	전통외식조리직업전문학교	홍명희	031-258-2141	http://jtcook.kr
	한선생직업전문학교	나순흠	031-255-8586	http://www.han5200.or.kr
	한양요리학원	박혜영	031-242-2550	http://blog.naver.com/hcook2002
	한주요리제과커피직업전문학교	정임	032-322-5250	http://hanjoocook.co.kr
경상	거창요리제과제빵학원	정현숙	055-945-2882	https://cafe.naver.com/gcyori
	경주중앙직업전문학교	전경애	054-772-6605	https://njobschool.co.kr
	김천요리제과직업전문학교	이희해	054-432-5294	http://www.kimchencook.co.kr
	김해영지요리직업전문학교	김경린	055-321-0447	http://www.ygcook.com
	김해요리제과제빵직업전문학교	이정옥	055-331-7770	http://www.khcook.co.kr
	뉴영남요리제과제빵아카데미	박경숙	055-747-5000	https://blog.naver.com/newyncooki
	마루요리학원	전미애	053-792-0603	http://marucook.modoo.at
	상주요리제과제빵학원	안선희	054-536-1142	http://blog.naver.com/ashk0430
	울산요리학원	박성남	052-261-6007	http://ulsanyori.kr
	으뜸요리전문학원	김민주	055-248-4838	http://www.cookery21.co.kr
	일신요리전문학원	이윤주	055-745-1085	http://www.il-sin.co.kr
	진주스페셜티커피학원	한선중	055-745-0880	http://cafe.naver.com/jsca

지역	훈련기관명	기관장	전화번호	홈페이지
	춘경요리커피직업전문학교	이선임	051-207-5513	http://www.5252000.co.kr
	통영조리직업전문학교	황영숙	055-646-4379	
충청	박문수천안요리직업기술전문학원	박문수	041-522-5279	http://www.yoriacademy.com
	서산요리학원	홍윤경	041-665-3631	
	서천요리아카데미학원	이영주	041-952-4880	
	세계쿠킹베이커리	임상희	043-223-2230	http://www.sgcookingschool.com
	아산요리전문학원	조진선	041-545-3552	
	엔쿡당진요리학원	진민경	041-355-3696	https://cafe.naver.com/dangjin3696
	천안요리학원	김선희	041-555-0308	http://www.cookschool.co.kr
	충남제과제빵커피직업전문학교	김영희	041-575-7760	http://www.somacademy.co.kr
	충북요리제과제빵전문학원	윤미자	043-273-6500	http://cafe.daum.net/chungbukcooking
	한정은요리학원	한귀례	041-673-3232	
	홍명요리학원	강병호	042-226-5252	http://www.cooku.com
	홍성요리학원	조병숙	041-634-5546	http://www.hongseongyori.com
전라	궁전요리제빵미용직업전문학교	김정여	063-232-0098	http://www.gj-school.co.kr
	세종요리전문학원	조영숙	063-272-6785	http://www.sejongcooking.com
	예미요리직업전문학교	허이재	062-529-5253	http://www.yemiyori.co.kr
	이영자요리제과제빵학원	배순오	063-851-9200	http://www.leecooking.co.kr
	전주요리제과제빵학원	김은주	063-284-6262	http://www.jcook.or.kr

사진촬영에 도움을 주신 분

정희원 사진작가 : 010-5313-3063

저자와의
합의하에
인지첩부
생략

중식조리기능사 실기

2019년 10월 31일 초 판 1쇄 발행
2024년 9월   1일 제2판 3쇄 발행

지은이 (사)한국식음료외식조리교육협회
펴낸이 진욱상
펴낸곳 (주)백산출판사
교 정 박시내
본문디자인 신화정
표지디자인 오정은

등 록 2017년 5월 29일 제406-2017-000058호
주 소 경기도 파주시 회동길 370(백산빌딩 3층)
전 화 02-914-1621(代)
팩 스 031-955-9911
이메일 edit@ibaeksan.kr
홈페이지 www.ibaeksan.kr

ISBN 979-11-6567-490-8 93590
값 12,000원

중식조리기능사 실기

www.ncook.or.kr

93590

9 791165 674908

ISBN 979-11-6567-490-8